高等职业学校"十四五"规划土建类工学结合教材

# 建筑工程测量实训（第二版）

## Practice of Architectural Engineering Survey

**主　编**　杜文举　熊　威

**副主编**　张　恒　谢　兵　杨志伟　陈俊宏

U0302479

华中科技大学出版社

中国·武汉

# 内 容 提 要

《建筑工程测量实训（第二版）》是根据教材《建筑工程测量（第二版）》编写而成的，编写中紧密结合《工程测量规范》(GB 50026—2007)和教材内容体系，力争做到实用、够用、易教、易学。

本书分为三部分。第一部分是建筑工程测量实训须知，介绍了测量实训的准备工作、实训要求、仪器的借用规则、仪器的使用和维护以及测量计算和记录等要求；第二部分是建筑工程测量课内实训，为本书的重点，共介绍了 20 个基本的测量实训项目，使用学校可以根据教学大纲选择相应科目进行课内实践教学；第三部分为建筑工程测量综合实训，介绍了实训要求、实训内容和考核方法等内容，通过一周的综合实训，可以培养学生理论联系实际、分析问题和解决问题的能力以及实际动手操作能力，使学生掌握测量知识在建筑工程中的实际应用，学会常规仪器的检核，学会建立施工控制网和进行房屋角点的施工放样。

本书内容紧密结合教材，注重实用性和实际效果，有益于教师实践教学和学生自学。

**图书在版编目(CIP)数据**

建筑工程测量实训/杜文举，熊威主编. —2 版. —武汉：华中科技大学出版社，2021.1
ISBN 978-7-5680-6806-2

Ⅰ.①建…　Ⅱ.①杜…　②熊…　Ⅲ.①建筑测量　Ⅳ.①TU198

中国版本图书馆 CIP 数据核字(2020)第 256127 号

**建筑工程测量实训（第二版）**　　　　　　　　　　　　　　　　　杜文举　熊　威　主编
Jianzhu Gongcheng Celiang Shixun(Dier Ban)

责任编辑：简晓思
封面设计：原色设计
责任校对：周怡露
责任监印：朱　玢
出版发行：华中科技大学出版社(中国·武汉)　　　电话：(027)81321913
　　　　　武汉市东湖新技术开发区华工科技园　　　邮编：430223
录　　排：华中科技大学惠友文印中心
印　　刷：武汉科源印刷设计有限公司
开　　本：787mm×1092mm　1/16
印　　张：5.5
字　　数：117 千字
版　　次：2021 年 1 月第 2 版第 1 次印刷
定　　价：28.00 元

# 前　　言

本书是《建筑工程测量(第二版)》的实践教学配套教材,根据高职高专土建类等专业的"十四五"规划培养目标,新时期高级技术应用型人才培养目标,以及高职高专教育的特点,在体现建筑工程测量技术的应用性、实用性、先进性、普及性的基础上编写而成。在实训内容上尽可能达到理论和实践操作的有机结合,加强、巩固和提高学生课堂所学理论知识,培养学生独立思考和实际操作的能力,并紧密结合建筑施工现场的实际应用,在实训课环节中考虑了目前建筑施工企业施工生产中常用的设备,如自动安平水准仪和全站仪,体现了实践性操作能力与生产单位实际要求相结合的培养目标。

本书分为三部分,第一部分是建筑工程测量实训须知,介绍了测量实训应具备的基本常识,包括实训目的、实训要求、测量仪器和工具的借用规定、测量仪器使用前检查事项、仪器的架设、仪器的使用、仪器的搬迁、仪器的装箱、测量工具的使用、测量记录与计算规则和课间实训成绩考核;第二部分是建筑工程测量课内实训,根据学校的实际情况,共设有 20 个基本的测量实训项目,可供各学校进行课内实训选择,有详细的任务安排与指导,以及相应的测量记录与计算表;第三部分是建筑工程测量综合实训,对建筑工程测量的主要工作项目进行了较完整的实训安排,包括测量仪器的检验、小范围的控制测量和建筑物定位测量,以及对测量仪器的操作考核办法。本书在编写内容上体现了由浅入深、循序渐进的过程,并考虑了相关学校的差异,各学校可以根据本校的实训场地和设备情况选择实训项目。

本书由四川建筑职业技术学院杜文举、武汉城市职业学院熊威担任主编,四川建筑职业技术学院张恒和谢兵、江西冶金职业技术学院杨志伟、广西水利电力职业技术学院陈俊宏担任副主编。全书由杜文举统稿。

本书可作为高职高专院校和普通高等院校建筑类及相关专业测量课程的实践教学用书,适用于建筑工程技术、建筑工程质量与安全技术、钢结构建造技术、工程监理、基础工程、建筑经济管理、建筑装饰工程技术、工业设备安装工程技术、建筑工程管理、工程造价、建筑设计、园林工程技术、给排水工程技术、建筑设备工程技术、建筑电气工程技术等大土建相关专业;也可作为高、中级测量放线工职业技能岗位培训参考书。

在编写过程中,编者一方面吸收和引用了有关书籍的最新观点,一方面吸收和采纳了在实训教学过程中的实践经验。由于编者水平有限,书中难免有错误和缺点,敬请专家、同仁和读者批评指正。

编　者

**2020 年 12 月**

# 目　　录

# 第一部分　建筑工程测量实训须知

建筑工程测量是建筑工程在设计、施工阶段和竣工使用期间的测量工作,是一门实践性极强的专业基础课。测量实训是本课程在日常教学过程中必不可少的重要环节。只有通过测绘仪器的操作、使用、观测、记录、计算、编写实训报告等实训教学,才能理解理论教学的基本理论,掌握相应仪器操作的基本技能和测量作业的基本方法,最终提升测量的专业技能,提升测量课程的教学效果。测量实训之前,必须认真阅读本实训指导书和复习教材中的相关内容,弄清基本概念和方法,了解实训的目的、要求、方法、步骤和有关注意事项,使实训工作能按计划顺利完成。

**1. 实训目的**

通过实训可以深入了解课堂所学测绘仪器的构造和性能,掌握测绘仪器的具体使用方法和详细操作步骤,掌握测量过程中的观测、记录、计算和检核方法,从而提高学生的动手能力和实践技能,培养学生严谨认真的精神和团队协作能力,培养学生吃苦耐劳的品质,达到工程施工中对施工测量工作的基本要求。

**2. 实训要求**

(1) 根据每个班级的人数,划分实训小组,每个小组以 4 人或 5 人为宜,实行组长负责制,组长负责仪器工具的借领、保管和归还,以及组织和协调实训各项工作等。为了提高每个学生的组织能力和协调能力,实训小组成员可以轮流担任组长。

(2) 实训时按指导教师的要求完成实训作业内容,要保证实训小组内每人轮流操作,独立完成。

(3) 实训应在规定的时间和地点进行,不得擅自变更地点,不得无故缺席、迟到或早退。

(4) 上课时认真观察指导教师的操作演示,按指导教师的要求和实训指导书的步骤进行操作,在实训过程中发现问题应及时与指导教师沟通交流,保质保量地完成课堂实训任务。

(5) 实训中出现仪器故障、工具损坏和丢失等情况时,必须及时向指导教师报告,严禁自行处理。

(6) 必须遵守本实训指导书所列的"测量仪器和工具的借用规定"和"测量记录与计算规则"。

(7) 实训完成后,每个实训小组应把观测记录和相关表格及时提交给实训指导教师检查,经教师检查合格和评定课堂实训成绩后,方可收拾和整理测量仪器和工具,经清点验收后及时归还测量实训室。

**3. 测量仪器和工具的借用规定**

测量仪器一般比较精密、贵重,对测量仪器的正确使用、细心爱护和科学保养,是测量人员必须具备的素质和应该掌握的技能,如此可以保证测量成果质量,提高工作效率,延长仪器和工具的使用寿命,所以测量仪器和工具的借用必须遵守以下规定。

(1)上测量实训课时,学生要提前 10 min 到测量实训室,办理仪器和工具借领手续,严禁无故迟到,上课开始 10 min 后,还没有到测量实训室办理,则不再办理借出手续。

(2)每次实训课前,学生以实训小组为单位,凭相关证件(如身份证、学生证或校内一卡通)前往测量实训室,借领任课教师提供的实训计划上需要的测量仪器和工具。

(3)借领时,每个小组只能有 1 人或 2 人进入仪器室,在指定地点清点、检查仪器和工具。应当场清点、检查实物与清单是否一致,仪器工具及附件是否齐全,背带及提手是否牢固,脚架是否完好等,如有缺损,可向仪器管理老师提出补领或更换。

(4)测量实训室初步检查合格后,及时在仪器和工具借用登记表上填写班级、组号及日期,借领人签名后将登记表及有效证件交仪器管理老师保管,方可将仪器和工具带走。

(5)实训开始后,再次检查仪器是否可以正常使用,如发现问题,应及时向实训指导教师报告,然后送回实训室进行更换,否则由小组成员共同承担赔偿责任。

(6)若需要搬运仪器,应仔细检查仪器箱是否锁好。搬运仪器和工具时,要轻拿轻放,避免剧烈震动和碰撞。若是脚架和仪器一起搬运时,要一手托住仪器,一手托住脚架,还要有一定倾斜度,严格按指导教师的要求进行操作和搬运,确保仪器的运输安全。

(7)实训过程中,各小组应爱护仪器和工具,各小组间不得任意调换仪器和工具。

(8)借用的仪器和工具,下课后必须及时归还,不得转借、带回宿舍或带出学校。

(9)实训结束后,清理仪器和工具上的泥土,及时清点、整理仪器和工具,送还实训室,待仪器管理老师检查合格后,在登记表上填写归还时间,取回证件。仪器和工具若有损坏或遗失,应填写报告单说明情况,并按有关规定进行赔偿。

**4. 测量仪器使用前检查事项**

(1)领取仪器时检查内容。

① 仪器箱是否锁住、扣住。

② 背带和提手是否完好、牢固。

③ 仪器和脚架是否配套,脚架是否完好,脚架的连接螺旋是否滑丝。

④ 仪器所要求的配套工具是否正确。

(2)打开仪器箱时的注意事项。

① 仪器箱应平放在地面上或其他平面上才能开箱,不要托在手上或抱在怀里开箱,

以免仪器和箱子一起滑落摔坏。

② 开箱后未取出仪器前,仔细观察仪器安放的位置与方向,以免使用完毕装箱时因安放位置不正确而损伤仪器。

(3) 自箱内取出仪器时的注意事项。

① 不论何种仪器,在取出前一定要检查制动螺旋是否放松,以免取出仪器时因强行扭转而损坏制动及微动装置,甚至损坏轴系。

② 自箱内取出仪器时,应一手握住照准部支架,另一手扶住基座部分,将仪器垂直拿出,严禁用一只手抓仪器或倒拿仪器。

③ 仪器自箱内取出后,要随手将仪器箱子盖上、扣好,既可避免沙土、杂草、湿气等进入箱内,还可防止搬动箱子时丢失附件。

④ 接触仪器时,要尽量避免触摸仪器的目镜、物镜,以免玷污镜头,影响成像质量,严禁用手指或手帕等去擦仪器的目镜、物镜等光学部分。

**5. 仪器的架设**

(1) 伸缩式脚架三条腿抽出后(脚架合起高度略低于观测者肩膀),将脚架螺旋拧紧,一不可过度用力而造成螺旋滑丝或不易打开,二不可未拧紧而使脚架上下收缩,两种情况均可造成脚架收缩而摔坏仪器。为了检核螺旋是否拧紧起到固定作用,可以在螺旋拧紧后,用力压一下三脚架架顶,检验三脚架是否收缩,若收缩,重新拧紧,若滑丝,更换脚架。

(2) 架设三脚架时,三条腿分开的跨度要适中,以美观、协调、稳固为宜。一不要靠得太近,即架腿与地面角度较陡,易被碰倒;二不要分得太开,架腿与地面角度较小,易滑倒,二者都易造成仪器损毁。

(3) 若在斜坡上架设仪器,可使两条腿在坡下(架腿适当放长),一条腿在坡上(架腿适当缩短)。若在光滑地面上架设仪器,要采取安全防滑措施,防止脚架滑动摔坏仪器。若地面为泥土地面,应用力将脚架尖踩入土中,以脚架尖不再下沉为宜,可以防止仪器下沉。

(4) 架设仪器时,目测使架顶大致水平,使架顶的圆心大致与地面测站点对中。

(5) 从仪器箱取出仪器安放到三脚架顶上时,要一手握住照准部支架,一手将中心连接螺旋旋入基座底板的连接孔内旋紧,切勿忘记拧上中心连接螺旋或拧得不紧而损坏仪器。

(6) 仪器箱多为薄木板或塑料制成,不能承重,因此不能踩、坐仪器箱。

(7) 仪器严禁架设在交通干道上,仪器架设完成后,无论操作与否,都必须有人看护,防止其他人员碰到、剐蹭脚架和仪器。

(8) 架设脚架时,根据作业内容和主要观测方向,尽量避免观测者骑在架腿上观测。

**6. 仪器的使用**

(1)仪器操作过程中,不得将腿放到脚架上,也不得将双手或双肘压在仪器或脚架上。

(2)转动仪器时,应先松开制动螺旋,然后平稳转动,使用微动螺旋时,应先旋紧制动螺旋。

(3)操作仪器时,用力要均匀,动作要轻缓,用力过大会造成仪器损伤。制动螺旋不能拧得太紧,微动螺旋和脚螺旋不要旋到两端,最好使用中段螺纹。

(4)若目镜、物镜外表面蒙上水汽,可稍等一会儿或用纸片扇风使水汽散去;若镜头有灰尘或者油渍,可用仪器箱中的软毛刷拂去或用镜头纸轻轻拭去。严禁用手指或纸张等物擦拭,避免损坏镜头上的镀膜,观测结束后应及时安上物镜盖,避免物镜沾上灰尘。

(5)完成实训作业后,检查是否放松各制动螺旋,可以有意识地轻轻转动仪器,若仪器不转动,表明制动螺旋没有放松,则需要放松制动螺旋。

(6)如发现仪器转动不灵活或很难转动,应立即停止转动,及时向指导教师报告,不得擅自处理。

(7)不要用仪器去直接观测太阳,这样不仅有可能损坏仪器的内部部件,也有可能会造成眼睛受伤。

(8)尽量避开雨天作业。

**7. 仪器的搬迁**

(1)远距离迁站或在行走不便的地区迁站时,必须将仪器装箱后再迁站。

(2)距离较短且在平坦地区迁站时,可将仪器连同脚架一同搬迁,其方法是首先检查连接螺旋是否旋紧,然后松开各制动螺旋使仪器保持初始位置(经纬仪望远镜物镜对向度盘中心,水准仪物镜向后),再收拢三脚架,一手托住仪器的支架或基座于胸前,一手抱住脚架放在肋下,稳步行走。搬迁时不要奔跑,不要斜扛仪器,以防碰摔。

(3)迁站时,小组成员协助清点、携带仪器箱和其他工具,防止丢失。

**8. 仪器的装箱**

(1)仪器使用完后,及时清除仪器上的灰尘和脚架上的泥土,盖上物镜盖。

(2)完成实训作业后,应先松开各制动螺旋,将脚螺旋和微动螺旋旋至中段,再一手握住照准部支架,另一手将中心连接螺旋旋开,双手将仪器取下装箱。

(3)从脚架上取下仪器时,要一手握住照准部支架,一手打开制动螺旋,放在仪器箱后,使仪器就位正确,试盖箱子,若箱子完全合上,则将箱盖合上、扣紧、锁好,否则检查仪器位置是否到位,不可强压箱盖,以免压坏仪器。盖箱子之前,清点箱内附件,检查有无缺失。

**9. 测量工具的使用**

(1)钢尺:应避免打结、防止扭曲,防止行人踩踏和车辆碾压及防止沾水,以免钢尺折断、扭曲和生锈。量距时，应将尺身离地提起，不得在地面上拖曳，以防钢尺尺面磨损；不得用力过猛，应逐渐用力，使钢尺拉平、绷紧，切勿使钢尺弯曲打结。钢尺用完后，将其擦净并涂油防锈。

（2）皮尺：应均匀用力拉伸，用力宜小，不宜过大，避免皮尺断裂和伸长变形。如果皮尺浸水受潮，应及时晾干。皮尺收卷时，切忌扭转卷入。

（3）各种标尺和花杆：保持标识清晰，没有弯曲，注意防水、防潮和防止横向受力。不用时安放稳妥，不得垫坐，不要将标尺和花杆随便往树上或墙上立靠，以防滑倒摔坏或磨损尺面。花杆不得用于抬东西或作标枪投掷。塔尺的使用还应注意接口处的正确连接，用后及时收尺。

（4）小件工具：如垂球（也叫线坠），优先选用形状对称、尖部不摇摆的垂球，不能用垂球砸东西和在地面上乱写、乱划。测钎和尺垫等使用完即收，防止遗失。

**10. 测量记录与计算规则**

测量记录是外业观测成果的记载和内业数据处理的依据，所以测量数据必须真实可靠，在数据记录和计算过程中，要遵守下列规定。

（1）在实训前准备好本次实训所需表格。

（2）各项记录必须直接记入规定的表格内，不能用其他纸张记录事后誊写。凡记录表格上规定应填写的项目不得空白，所有记录与计算宜采用 2H 或 3H 绘图铅笔记录和填写。

（3）观测人员读数后，记录人员在记录的同时回报读数，观测人员无异议后，该数据有效，若观测人员有异议，需要重新记录。数字要端正、清晰、齐全、数位对齐，表示精度或占位的"0"均不能省略。如水准尺读数 1.62 m 应记作 1.620 m，角度读数 108°1′9″应记作 108°01′09″。

（4）禁止擦拭、涂改。发现记录数字有错误，在错误数字上画一斜线，将正确数字写在原数字上方，若某个部分有误，可以用斜线画去，原数字不能模糊不清。所有记录的修改和观测成果的淘汰，必须在备注栏注明原因，如测错、记错或超限。

（5）记录的数据写齐规定的数位，详见表 1-1 的规定。

表 1-1　记录数据的数位

| 测 量 种 类 | 数字的单位 | 记 录 位 数 |
| --- | --- | --- |
| 水准 | 米 | 3 位（小数点后） |
| 量距 | 米 | 3 位（小数点后） |
| 角度的分 | 分 | 2 位 |
| 角度的秒 | 秒 | 2 位 |

（6）原始观测数据的尾数部分不准更改,应将该部分观测废去重测,废去重测的范围如表 1-2 所示。

表 1-2　观测数据中不准更改的部位与重测的范围

| 测 量 种 类 | 不准更改的部位 | 应重测的范围 |
| --- | --- | --- |
| 角度测量 | 分和秒的读数 | 一测回 |
| 距离测量 | 厘米和毫米的读数 | 一尺段 |
| 水准测量 | 厘米和毫米的读数 | 一测站 |

（7）禁止连续更改,如水准测量的黑、红读数,角度测量中的盘左、盘右读数,距离测量中的往、返读数等,均不能同时更改,否则重测。

（8）计算数据时,应根据所取位数,按"4 舍 6 入,5 前单进双舍"的规则进行凑整。例如,单位若取至 mm,则 1.3684 m、1.3676 m、1.3685 m、1.3675 m 都应记为 1.368 m。

（9）每测站观测结束后,必须在现场完成规定的计算和检核,确认无误后方可迁站。

**11. 课间实训成绩考核**

（1）考核的依据为出勤情况、实际操作能力和记录成果质量。

（2）课间实训成绩按比例计入本门课程的期末总成绩。

（3）小组的每个同学要独立完成作业,严禁抄袭、编造数据。

（4）不提交成果报告的小组,本次成绩按 0 分记录。

（5）学生不得无故旷课、缺席、迟到和早退,缺勤超过一定次数的学生,实训成绩为 0。

# 第二部分　建筑工程测量课内实训

## 实训(一)　水准仪的认识和使用

### 1. 实训目的

(1)熟悉微倾水准仪构造,了解主要结构名称和作用。

(2)通过练习掌握微倾水准仪的操作和使用。

(3)认识和使用自动安平水准仪。

### 2. 实训仪器及工具

每个实训小组的实训设备为微倾水准仪 1 台,自动安平水准仪 1 台,水准尺 2 根,尺垫 2 个,自备 2H 铅笔 2 支。

### 3. 实训内容及组织

(1)实训课时为 2 学时,每个实训小组由 4 人或 5 人组成。

(2)在实训场地选取两点,采用水准仪读取后视读数和前视读数,计算两点之间的高差,若每组每个同学所测高差偏差在±5 mm 以内,可认为成果合格。

### 4. 实训方法和步骤

(1)微倾水准仪的认识与使用。

① 认识微倾水准仪的主要部件和作用,如图 2-1 所示。

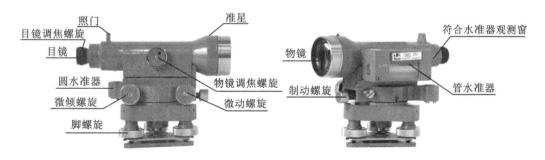

图 2-1　微倾水准仪

② 安置仪器。

将水准仪三脚架按各自身高调整高度后架稳,并使三脚架架头大致水平,拧紧脚架固定螺丝。在泥土地面,应将三脚架的脚架尖踩入土中,以避免仪器下沉;在水泥地面,要采取防滑措施;在倾斜地面,应将三脚架的一条腿安放在高处,另外两条腿安置在低处。

将仪器从箱子中取出,安上三脚架后及时拧紧中心连接螺旋。

③ 粗平。

粗平就是旋转脚螺旋使圆水准器气泡居中,从而使仪器大致水平。

脚螺旋调整方法:将水准仪望远镜垂直于任意两个脚螺旋连线,调节这两个脚螺旋,使气泡居于垂直两个脚螺旋的方向上,然后调节第三个脚螺旋,使气泡居中。

④ 照准水准尺。

转动物镜调焦螺旋,使水准尺分划成像清晰。若水准尺分划像不在望远镜视场中心位置,可以转动水平微动螺旋,对准目标。眼睛在目镜端略做上下移动,检查十字丝与水准尺分划像之间是否有相对移动,如有则存在视差,需要重新调整目镜调焦螺旋和物镜调焦螺旋,消除视差。

⑤ 精平与读数。

精平就是转动微倾螺旋,使水准管气泡两端的半边影像吻合成圆弧抛物线形状(见图 2-2),使视线在照准方向精确水平。

精平后,读取十字丝中丝读数,估读到毫米,读取 4 位数字,读数时扶尺人员应将水准尺立直。读数时注意仪器中成像为倒像。

综上所述,水准仪的基本操作程序:安置—粗平—照准—精平—读数。

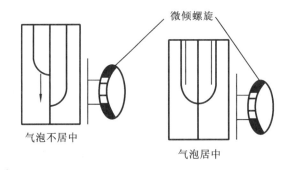

图 2-2　符合式水准器

(2) 一测站的测量、记录和计算。

每个小组选定地面上任意 A、B 两点放上尺垫并立尺,在两点大致中间位置按照水准仪操作程序读取后视读数和前视读数。若前后视点固定不变,与该小组另一同学所测高差偏差在±5 mm 以内,则表 2-1 填写后可作为本次试验成果上交。

表 2-1　水准测量记录表

| 测　站 | 测　点 | 水准尺读数 | | 高差/m | | 高　程 |
|---|---|---|---|---|---|---|
| | | 后视/m | 前视/m | ＋ | － | |
| | | | | | | |
| | | | | | | |
| | | | | | | |
| | | | | | | |
| | | | | | | |

（3）自动安平水准仪的认识和使用。

自动安平水准仪粗平后，借助本身的自动补偿装置即可获得精平效果，操作简单，又可防止一般水准仪在操作中忘记精平的失误。因此，自动安平水准仪没有水准管和微倾螺旋。图 2-3 为自动安平水准仪部件名称。

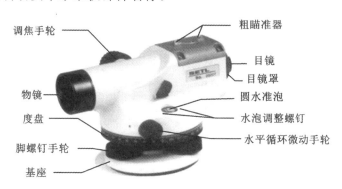

图 2-3　自动安平水准仪

自动安平水准仪与微倾水准仪操作的不同之处如下。

① 无须精平。

粗平后即可读数，无须精平。

② 无制动螺旋的水平微动系统。

自动安平水准仪无制动螺旋，靠摩擦制动。照准目标时，手转动仪器至目标大致位置，再转动水平微动螺旋精确照准目标，仪器在 360°范围内的任意位置，均可使用水平微动螺旋。

**5. 实训注意事项**

（1）仪器安放到三脚架头上时，必须马上旋紧连接螺旋，使连接牢固。

（2）水准仪瞄准、读数时，水准尺必须立直。特别是水准尺前后倾斜不易被发觉，立尺者应当特别注意。

（3）微倾水准仪读数前,符合水准管气泡严格居中(自动安平水准仪除外),照准目标必须消除视差。

（4）水准尺读数必须读 4 位数,记录数据应以 m 或 mm 为单位,如 1.355 m 或 1355 mm。

**6. 实训记录及报告书**

根据测量结果,填写水准测量记录表,如表 2-1 所示,检核无误后作为实训成果上交。

**7. 思考**

（1）水准测量时为什么仪器安置在前、后视点中间位置?

（2）水准测量的观测步骤有哪些?

# 实训(二)　普通水准测量

**1. 实训目的**

掌握普通水准测量中闭合水准路线施测的步骤、记录、计算、闭合差调整以及高程计算。

**2. 实训仪器及工具**

每个实训小组的实训设备为水准仪 1 台,水准尺 2 根,尺垫 2 个,自备 2H 铅笔 2 支。

**3. 实训内容及组织**

(1) 实训课时为 2 学时,每个实训小组由 4 人或 5 人组成。

(2) 在实训场地确定一条闭合水准路线,沿途测量 4~6 个测站,当高差闭合差精度满足要求时,分配高差闭合差,求出待定点高程。

**4. 实训方法和步骤**

(1) 由指导教师确定闭合水准路线,闭合水准路线起始点高程为 500.000 m,闭合水准路线上设置 2 个或 3 个待测高程点的位置,闭合水准路线测量共需 4~6 个测站。

(2) 在起始水准点和第一个立尺点大致中间位置安置水准仪,在后、前视点上竖立水准尺(注意:已知水准点和待测点上均不放尺垫,而在转点上必须放尺垫,在泥地上尺垫必须踩实),按一个测站的观测程序进行观测,数据记录在表 2-2 中。为了防止记录数据错误,观测员的每次读数,记录员都应回报检核后才记录,并计算出该测站的高差。

表 2-2　水准测量记录计算表

仪器编号:_____　　填表日期_____年_____月_____日

第_____组　　观测员_____　　记录员_____

| 测站 | 测点 | 后视读数/m | 前视读数/m | 高差/m | 高差改正数/m | 改正后高差/m | 高程/m | 备注 |
|------|------|-----------|-----------|--------|--------------|--------------|--------|------|
|  |  |  |  |  |  |  |  |  |
|  |  |  |  |  |  |  |  |  |
|  |  |  |  |  |  |  |  |  |
|  |  |  |  |  |  |  |  |  |
|  |  |  |  |  |  |  |  |  |
| 总和 |  |  |  |  |  |  |  |  |
| 检核 |  |  |  |  |  |  |  |  |

（3）安置仪器读数同学将仪器搬到下一测站，后视尺同学将尺垫及后视尺安置在下一测站的前视点上，上一测站的前视点同学不需要移动尺垫及水准尺。用相同的方法进行下一测站的测量、记录数据、计算此测站高差。依次测量，直到回到起始水准点。

（4）计算高差闭合差，若高差闭合差在平地时在 $\pm 40\sqrt{L}$(mm)以内或在山地时在 $\pm 12\sqrt{n}$(mm)以内($L$ 为水准路线长度，以 km 计，$n$ 为测站数），将闭合差分配改正，求出待测高程点高程，若超限应重测。

**5．实训注意事项**

（1）前后视距应大致相等。

（2）同一测站，圆水准器只能整平一次。

（3）每次读数前，要消除视差并精平。

（4）已知水准点和待测水准点上均不放尺垫，只在转点处放尺垫。

（5）仪器搬迁到下一站后，后视点才能携尺和尺垫前进，前视点尺垫不能移动。

（6）闭合水准路线高差闭合差不得超限。若超限，先检查数据计算是否出错，再重测最易出问题的相邻水准点间高差。

**6．实训记录及报告书**

根据实训测量成果，填写水准测量记录计算表（见表 2-2）。

**7．思考**

（1）什么是视差？怎样消除视差？

（2）计算和调整表 2-3 中闭合水准路线的闭合差，并求出待测点高程。

表 2-3　水准测量成果记录表

| 测　　点 | 距离/km | 高差/m | 高差改正数/m | 改正后高差/m | 高程/m |
|---|---|---|---|---|---|
| $A$ | | | | | 500.000 |
| | 2.1 | +1.455 | | | |
| 1 | | | | | |
| | 1.6 | +2.348 | | | |
| 2 | | | | | |
| | 2.3 | −3.124 | | | |
| 3 | | | | | |
| | 2.8 | −0.691 | | | |
| $A$ | | | | | 500.000 |

# 实训(三)　水准路线成果计算

**1. 实训目的**

学会使用 Excel 进行水准路线成果计算。

**2. 实训仪器及工具**

每个实训小组的实训设备为计算机 1 台,水准路线略图 1 份,自备铅笔、草稿纸。

**3. 实训内容及组织**

(1) 实训课时为 2 学时,每个实训小组由 2 人或 3 人组成。

(2) 在机房内,运用 Excel 对上次实训所测闭合差数据进行处理,计算高差闭合差、高差改正数,求出待测点高程,并检核。

**4. 实训方法和步骤**

例:如图 2-4 所示为一闭合水准路线,箭头表示水准测量前进方向,$BM_A$ 为已知水准点,高程为 56.778 m,计算待测点 1、2、3 的高程,根据外业观测数据,运用 Excel 进行该闭合水准路线的成果计算。

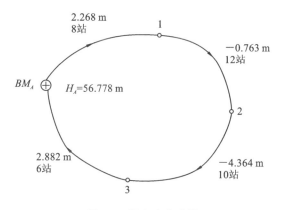

**图 2-4　闭合水准路线**

(1) 将外业观测数据和已知水准点高程数据填入表格。

(2) 计算高差闭合差。

在 D12 栏中输入:=SUM(D3:D10)

在 D14 栏中输入:=D12

(3) 计算容许闭合差。

计算闭合水准路线测站数。

在 C12 栏中输入:=SUM(C3:C10)

计算容许闭合差。

在 D15 栏中输入:=12 * sqrt(C12)

（4）精度评定。

在 G14 栏中输入：=IF(ABS(D14)>ABS(D15/1000))，"观测结果超限"，"观测结果合格"。

（5）高差闭合差的调整。

计算高差改正数。

在 E3 栏中输入：=－＄D＄14＊/＄C＄12＊C3

计算检核。

在 E12 栏中输入：=SUM(E3:E10)

此时 E12＝D12,说明计算正确。

（6）计算改正后高差。

在 F3 栏中输入：=D3＋E3

计算检核。

在 F12 栏中输入：=SUM(F3:F10)

此时 F12＝0,说明计算正确。

（7）计算各待定点高程。

在 G4 栏中输入：=G3＋F3。结果如表 2-4 所示。

表 2-4  闭合水准路线成果计算表

| 测段编号 | 点号 | 测站 $n_i$ /站 | 实测高差 $h_i$/m | 高差改正数 $v_i$/m | 改正后高差 $h_{改}$/m | 高程 $H$/m | 备注 |
|---|---|---|---|---|---|---|---|
| 1 | $BM_A$ | 8 | 2.268 | −0.005 | 2.263 | 56.778 | 已知点 |
| 2 | 1 | 12 | −0.763 | −0.008 | −0.771 | 59.041 | |
| 3 | 2 | 10 | −4.364 | −0.006 | −4.370 | 58.270 | |
| 4 | 3 | 6 | 2.882 | −0.004 | 2.878 | 53.900 | |
| | $BM_A$ | | | | | 56.778 | 已知点 |
| Σ | | 36 | 0.023 | −0.023 | 0.000 | | |

| 辅助计算 | $\sum h_{理}$ | 0 | 观测结果合格 |
|---|---|---|---|
| | $fh$/m | 0.023 | |
| | $fh_{限}$/m | 72 | |

**5. 实训注意事项**

（1）实训时应先做好表头部分，合并好相应的单元格，并对单元格小数点位进行控制。

（2）在表中填入外业观测元素和已知高程点数据时，应仔细核对，防止输入错误。

（3）按照操作步骤粘贴公式，即可计算出高差改正数、改正后高差和高程。

**6. 实训记录及报告书**

根据上次水准测量成果，运用 Excel 计算水准测量成果填入表 2-5 中。

表 2-5　水准测量成果表

计算时间：_____　　　　　计算者：_____　　　　　检核者：_____

| 点　号 | 高程/m | 备　注 |
|---|---|---|
|  |  |  |
|  |  |  |
|  |  |  |
|  |  |  |
|  |  |  |
|  |  |  |

**7. 思考**

（1）水准测量成果计算步骤有哪些？

（2）水准测量成果检核条件是什么？

# 实训(四) 水准仪的检验与校正

**1. 实训目的**

(1) 了解水准仪的主要轴线及其应满足的几何条件。

(2) 掌握水准仪检验与校正方法。

**2. 实训仪器及工具**

每个实训小组配备微倾水准仪 1 台(见图 2-5),水准尺 2 根,尺垫 2 个,小改锥 1 把,校正针 1 根,记录板 1 块,自备铅笔。场地安排在视野开阔、土质坚硬、地势平坦的地方。

**3. 实训内容及组织**

(1) 实训课时为 2 学时,每个实训小组由 4 人或 5 人组成。

(2) 按照实训方法和步骤,进行微倾水准仪圆水准器、十字丝横丝和水准管轴的检验和校正。

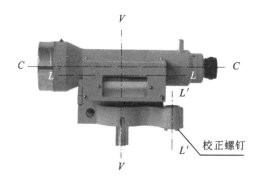

图 2-5 水准仪轴线

**4. 实训方法和步骤**

(1) 圆水准器的检验和校正。

当圆水准气泡居中时,竖轴基本铅直,视准轴粗略水平。即圆水准器轴($L'L'$)∥竖轴($VV$)。

① 检验。

安置仪器后,用脚螺旋粗平水准仪使气泡居中,然后将望远镜绕竖轴转 180°,如气泡仍居中,表明条件满足;如气泡不居中,则需校正。

② 校正。

a. 校正原理:若圆水准器轴不平行于竖轴,如图 2-6(a)所示,两轴夹角为 $\alpha$。将望远镜旋转 180°后,竖轴不变,圆水准器轴移至图 2-6(b)所示位置,此时圆水准器轴与竖轴间偏角为 $2\alpha$。校正时,只需将气泡向零方向返回一半,就能使圆水准器轴平行于竖轴。

b. 用拨针调节圆水准器下面的 3 个校正螺钉,使气泡退回零点方向的一半,如

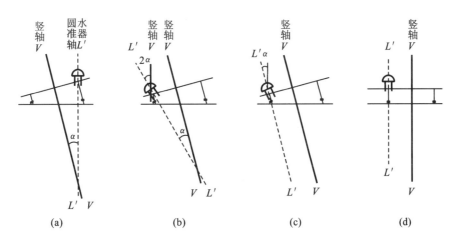

图 2-6 圆水准器轴平行于竖轴的校正

图 2-6(c)所示,此时气泡虽不居中,但圆水准器轴已平行于竖轴。

c. 转动脚螺旋使偏离一半的气泡居中,此时圆水准器轴与竖轴均处于铅垂位置,如图 2-6(d)所示。

d. 用这种方法反复检校,直到转到任何方向,气泡均居中,校正即可结束。最后,将 3 个校正螺丝拧紧。

(2) 十字丝横丝的检验和校正。

① 检验。

a. 十字丝横丝一端对准远处一明显点状标志 $N$,如图 2-7(a)所示,拧紧制动螺旋。

b. 旋转微动螺旋,使望远镜视准轴绕竖轴缓慢横向移动,如果 $N$ 点沿着横丝移动,如图 2-7(b)所示,则表示十字丝横丝与竖轴垂直,不需校正。

c. 如果 $N$ 点明显偏离横丝,如图 2-7(c)及图 2-7(d)所示,表示十字丝横丝不垂直于竖轴,需要校正。

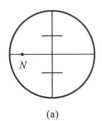 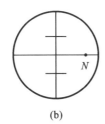 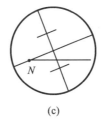 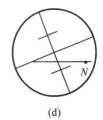

图 2-7 十字丝横丝垂直于竖轴的检校

② 校正。

a. 用螺丝刀松开十字丝分划板板座的固定螺钉,如图 2-8 所示,微微转动十字丝分划板板座,使 $N$ 点沿十字丝横丝移动,再将固定螺钉拧紧。

b. 此项校正要反复进行多次,直到满足条件为止。

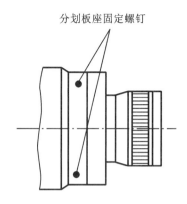

**图 2-8 十字丝横丝的校正**

c. 当 $N$ 点偏离横丝不明显时,一般不进行校正,在观测中可用竖丝与横丝的交点读数。

(3) 水准管轴的检验和校正。

① 检验。

若水准管轴不平行于视准轴,设它们之间的夹角为 $i$。当水准管气泡居中,视准轴与水平视线产生倾斜角 $i$,从而使读数产生偏差值 $\Delta$,称为 $i$ 角误差。$i$ 角误差与距离成正比,距离越远,误差越大。若前后视距离相等,则两根尺子上的 $i$ 角误差 $\Delta$ 也相等。因此,后视减前视所得高差不受其影响。

a. 选择一平坦地面,在相距 80 m 的 $A$、$B$ 两点,打入木桩或放好尺垫后立水准尺,如图 2-9 所示。

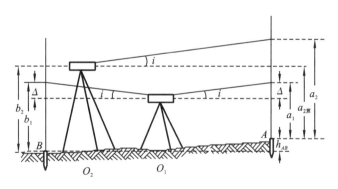

**图 2-9 水准管轴的检校**

b. 用皮尺量取距 $A$、$B$ 两点距离相等的 $O_1$ 点,将水准仪安置于 $O_1$ 点处,用两次仪高法测定 $A$、$B$ 两点的高差。若两次高差偏差不超过 3 mm,则取两高差平均值作为 $A$、$B$ 两点的高差 $h_{AB}$。

c. 将水准器安置在距 $B$ 点 3 m 处的 $O_2$ 点,读出 $B$ 点水准尺上的读数 $b_2$,因水准尺距 $B$ 点很近,其 $i$ 角引起的读数偏差可近似为零,即认为 $b_2$ 读数正确。此时,可根据 $h_{AB}$ 和 $b_2$ 推算出 $A$ 点水准尺的应该读数 $a_{2算}$。

$$a_{2\text{算}} = h_{AB} + b_2$$

d. 照准 $A$ 点水准尺，读得 $A$ 点读数为 $a_2$，若 $a_{2\text{算}} = a_2$，则说明两轴平行；否则，存在 $i$ 角，其值为

$$i = \frac{a_2 - a_{2\text{算}}}{D_{AB}} \times \rho''$$

式中，$D_{AB}$ 为 $A$、$B$ 两点间的平距，$\rho'' = 206265''$。对于微倾水准仪，当 $i$ 角值大于 $20''$ 时，需进行校正。

② 校正。

a. 校正时，先调节望远镜微倾螺旋，使十字丝横丝对准 $A$ 点水准尺的应该读数 $a_{2\text{算}}$，此时视准轴处于水平位置，而水准管气泡却偏离了中心。

b. 如图 2-10 所示，用拨针松开左、右两个校正螺钉，再按先松后紧的原则，分别拨动上、下两个校正螺钉，使水准管气泡居中，最后旋紧左、右两校正螺钉。此时水准管轴与视准轴相互平行，且都处于水平位置。

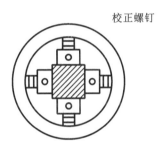

**图 2-10　水准管轴的校正**

c. 此项检验校正要反复进行，直到 $i$ 角值小于 $20''$ 为止。

**5. 实训注意事项**

（1）检验必须按照试验步骤进行，确认无误后才能进行校正。

（2）拨动校正螺钉时，应先松后紧，松紧适当，校正完毕后，校正螺钉应处于稍紧状态。

**6. 实训记录及报告书**

根据检验结果，填写一般性检验记录表，如表 2-6 所示。

**表 2-6　一般性检验记录表**

仪器型号与编号：_____　日期：_____　班组：_____　姓名：_____

| 检 验 项 目 | 检 验 结 果 |
|---|---|
| 三脚架是否牢固 |  |
| 脚螺旋是否有效 |  |

| 检 验 项 目 | 检 验 结 果 |
| --- | --- |
| 制动与微动螺旋是否有效 | |
| 微倾螺旋是否有效 | |
| 调焦螺旋是否有效 | |
| 望远镜成像是否清晰 | |

**7. 思考**

（1）微倾水准仪有哪几条轴线？应满足什么几何条件？

（2）水准仪检验内容有哪些？具体操作步骤和校正步骤是什么？

# 实训(五)　光学经纬仪的认识与使用

**1. 实训目的**

(1) 了解光学经纬仪的基本构造及各部件的名称和作用。

(2) 掌握光学经纬仪的操作方法,并学会读数。

**2. 实训仪器及工具**

每个实训小组配备光学经纬仪 1 台,配套脚架 1 个,记录板 1 块,自备铅笔。

**3. 实训内容及组织**

(1) 实训学时为 2 学时,每组由 4 人或 5 人组成。

(2) 在实训场地选定测站点,进行安置、对中和整平操作。观察仪器各部件并使用,观看读数窗口变化,理解各个部件的作用。选取场地某一目标照准并读数。

(3) 光学经纬仪的读数。

**4. 实训方法和步骤**

(1) 认识光学经纬仪的基本构造及各部件的名称和作用。

图 2-11 为光学经纬仪的外形和各部件名称。

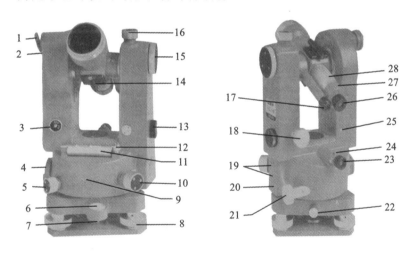

**图 2-11　光学经纬仪**

1—垂直反光镜　2—指标差调整盖板　3—补偿器锁紧轮　4—水平反光镜　5—水平制动手轮　6—圆水泡

7—圆水泡调整钉　8—脚螺旋　9—水平盘堵盖　10—转盘手轮及搬把　11—长水准器　12—长水准器调整钉

13—换向手轮　14—粗瞄准器　15—测微手轮　16—垂直制动手轮　17—读数镜管　18—垂直微动手轮

19—水平物镜堵盖　20—水平底棱镜堵盖　21—水平微动手轮　22—基座锁紧轮　23—对点目镜

24—对点调整钉　25—垂直物镜调整盖板　26—望远镜目镜　27—分划板保护盖　28—望远镜调焦手轮

(2) 光学经纬仪的使用。

光学经纬仪的使用包括安置和对中、整平、照准、读数四步。

① 安置和对中。

安置:松开脚架上三个连接螺旋,同时将脚架三条腿提升到适当高度(与胸同高),张开三脚架,大致成等边三角形,放于测站上,从脚架连接螺旋往下看,能看到测站点,此时脚架大致对中。使架头大致水平,将经纬仪连接到脚架上。

对中:转动光学对中器目镜调焦螺旋,使分划板上指标圆圈清晰。推拉光学对中器,调节物镜调焦螺旋,使地面标志点成像清晰。先踩实一条脚架,双手抬起另外两条脚架,以第一条脚架为支撑,左右前后摆动,眼睛同时观察光学对中器,当指标圆圈与地面标志点重合时,轻轻放下另外两条脚架,踩实,完成对中。

② 整平。

a. 粗平。

伸缩调节脚架的三条架腿,使圆水准器气泡居中。

b. 精平。

首先转动照准部,使照准部水准管平行于任意两个脚螺旋的连线,如图 2-12(a)所示。用左手大拇指法则(气泡移动的方向与左手大拇指方向相同),右手与左手同时向内调节,使气泡居中;然后将照准部旋转 90°,调节第三个脚螺旋,使气泡居中,如图 2-12(b)所示。反复调节,直至水准管气泡在任意方向上都居中。

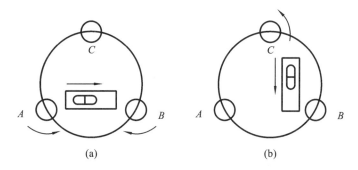

图 2-12　精平

c. 检查对中,再反复精平。

精平完成后,对对中可能有一定影响,若影响不大(对中偏差不超过 1 mm),不做调整;若超过 1 mm,应松开连接螺旋一小圈,在脚架上平推基座,使其完全对中为止。最后再检查水准管气泡是否居中,若不居中,应重复精平步骤。

③ 照准。

a. 目镜调焦:转动目镜调焦螺旋,使十字丝清晰,若视场较暗,可先照准背景明亮区域调节。

b. 粗瞄:利用三点一线原理,通过望远镜上的粗瞄器找准目标,然后拧紧水平和望远镜制动螺旋。

c. 物镜调焦:调节物镜调焦螺旋,使成像清晰,注意消除视差。

d. 精瞄:调节水平及望远镜微动螺旋,使十字丝精确照准目标。观测水平角时用竖丝瞄准,观测竖直角时用横丝瞄准。细小目标用双丝夹准,粗大目标用单丝平分。

(3)光学经纬仪的读数。

光学经纬仪采用对径分划测微器读数(见图 2-13),它将度盘上相对 180°的两组分划线,经过一系列棱镜反射和折射,并列到一条直线的上方和下方,称为正像和倒像。读数时要用测微手轮将其对齐,方能读数。光学经纬仪的读数显微镜中不能同时呈现水平度盘和竖直度盘影像,需通过换向手轮来调节。

① 读水平度盘读数。

a. 调节换向手轮,使其处于水平度盘位置。

b. 打开水平度盘反光镜,调节其位置,使读数窗内光线均匀、明亮。

c. 旋转读数显微镜调焦螺旋,使读数窗分划清晰,消除视差。

d. 调节测微手轮,使对径分划线重合,读数。

② 读竖直度盘读数。

a. 调节换向手轮,使其处于竖直度盘位置。

b. 打开竖直度盘反光镜,调节其位置,使读数窗内光线均匀、明亮。

c. 旋转读数显微镜调焦螺旋,使读数窗分划清晰,消除视差。

d. 打开竖盘指标水准管补偿器。

e. 调节测微手轮,使对径分划线重合,读数。

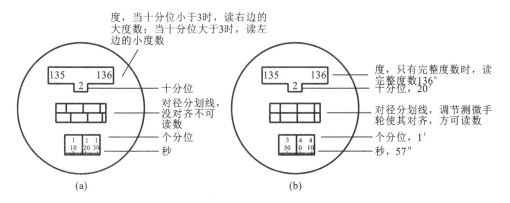

图 2-13 光学经纬仪读数

**5. 实训注意事项**

(1)在任何情况下,不得松动基座上的照准部固定螺丝,以免仪器滑脱损坏。

(2)对径符合时,应注意测微手轮"旋进"方向,只有对径分划对齐后才能进行读数。

(3)仪器装箱前后,竖盘读数自动归零补偿器必须处于关闭(OFF)状态。

(4)仪器装箱时,制动螺旋都应该松动,以免仪器遇到外力与箱子发生碰撞而损坏。

## 6. 实训记录及报告书

上交读数记录一份，如表 2-7 所示。

表 2-7　角度观测表

| 测站 | 目标 | 竖 盘 位 置 | 水平度盘读数(° ′ ″) | 竖直度盘读数(° ′ ″) | 备　注 |
|------|------|------------|-----------------------|-----------------------|--------|
|      |      |            |                       |                       |        |
|      |      |            |                       |                       |        |
|      |      |            |                       |                       |        |
|      |      |            |                       |                       |        |
|      |      |            |                       |                       |        |
|      |      |            |                       |                       |        |
|      |      |            |                       |                       |        |
|      |      |            |                       |                       |        |

## 7. 思考

（1）光学经纬仪操作步骤有哪些？

（2）水平角观测读数步骤有哪些？

（3）竖直角观测读数步骤有哪些？

# 实训(六)　测回法测水平角

**1. 实训目的**

(1) 熟练掌握仪器对中、整平方法。

(2) 掌握测回法测水平角的观测步骤,记录计算方法。

**2. 实训仪器及工具**

每个实训小组配备光学经纬仪 1 台,配套脚架 1 个,记录板 1 块,自备铅笔。

**3. 实训内容及组织**

(1) 实训学时为 2 学时,每组由 4 人或 5 人组成。

(2) 在实训场地中选取 2 个目标,经光学经纬仪对中、整平后,采用测回法读取 2 个目标读数,记录数据,并检查上、下半测回之差是否超限,最后计算水平角读数。

**4. 实训方法和步骤**

(1) 经纬仪安置。

将经纬仪安置在测站点上,并对中、整平仪器。

(2) 测回法测水平角。

① 如图 2-14 所示,在 $O$ 点安置经纬仪,盘左位置(目镜端朝观测者时,竖盘位于望远镜左边)瞄准左目标 $A$,得读数 $a_{左}$(0°01′30″),为了计算方便,将起始目标的读数调至 0°00′附近。将读数记录在表 2-8 中。

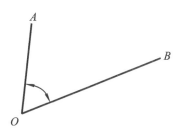

**图 2-14　测回法测水平角**

② 松开照准部制动螺旋,瞄准右目标 $B$,得读数 $b_{左}$(87°09′12″),则盘左位置所得上半测回角值为

$$\beta_{左}=b_{左}-a_{左}=87°09′12″-0°01′30″=87°07′42″$$

③ 竖直面内转动望远镜成盘右位置(竖盘在望远镜右边),再次瞄准右目标 $B$,得读数 $b_{右}$(267°09′30″)。

④ 盘右再次瞄准左目标 $A$,得读数 $a_{右}$(180°01′42″),则盘右位置所得下半测回角值为

$$\beta_{右}=b_{右}-a_{右}=267°09′30″-180°01′42″=87°07′48″$$

利用盘左、盘右两个位置观测水平角,可以抵消仪器误差对测角的影响,同时也可以检核观测中有无错误存在。对于光学经纬仪,如果 $\beta_左$ 与 $\beta_右$ 的差值在 $\pm 20''$ 以内,取上、下半测回角度平均值作为最后结果。若观测结果合格,取上、下半测回角度平均值作为一测回角值,即

$$一测回角值 = 1/2(\beta_左 + \beta_右) = 1/2 \times (87°07'42'' + 87°07'48'') = 87°07'45''$$

⑤ 第二测回观测步骤和第一测回相似,但需要按式 $180°/n$($n$ 为测回数)来配置度盘。例如,测三个测回,则第一测回配置读数稍大于 $0°$,第二测回配置读数稍大于 $60°$,第三测回配置读数稍大于 $120°$。配置度盘只需在每个测回第一次照准目标的时候配置。对于光学经纬仪,当各测回角值互差在 $\pm 13''$ 以内时,计算各测回平均角值。

表 2-8　测回法测水平角记录表

| 测站 | 测回 | 竖盘位置 | 目标 | 水平度盘读数<br>(° ′ ″) | 半测回角值<br>(° ′ ″) | 一测回角值<br>(° ′ ″) | 各测回平均角值<br>(° ′ ″) | 备注 |
|---|---|---|---|---|---|---|---|---|
| $O$ | 第一测回 | 盘左 | A | 0　01　30 | 87　07　42 | 87　07　45 | 87　07　42 | DJ₂ |
| | | | B | 87　09　12 | | | | |
| | | 盘右 | A | 180　01　42 | 87　07　48 | | | |
| | | | B | 267　09　30 | | | | |
| | 第二测回 | 盘左 | A | 90　05　24 | 87　07　24 | 87　07　39 | | |
| | | | B | 177　12　48 | | | | |
| | | 盘右 | A | 270　05　12 | 87　07　54 | | | |
| | | | B | 357　13　06 | | | | |

**5. 实训注意事项**

(1) 每个测回中,盘左位置从左至右顺时针观测,盘右位置从右至左逆时针观测。

(2) 每个测回中,只需要在盘左位置照准第一个目标的时候配置度盘。

(3) 尽可能照准目标底部。

(4) 注意限差要求。

**6. 实训记录及报告书**

根据水平角测量结果,填写水平角记录表一份,如表 2-9 所示。

表 2-9  水平角记录表

| 测站 | 竖盘位置 | 目标 | 水平度盘读数(°′″) | 半测回角值(°′″) | 一测回角值(°′″) | 备注 |
|------|----------|------|-------------------|------------------|------------------|------|
|      |          |      |                   |                  |                  |      |
|      |          |      |                   |                  |                  |      |
|      |          |      |                   |                  |                  |      |
|      |          |      |                   |                  |                  |      |
|      |          |      |                   |                  |                  |      |
|      |          |      |                   |                  |                  |      |
|      |          |      |                   |                  |                  |      |
|      |          |      |                   |                  |                  |      |
|      |          |      |                   |                  |                  |      |
|      |          |      |                   |                  |                  |      |
|      |          |      |                   |                  |                  |      |
|      |          |      |                   |                  |                  |      |
|      |          |      |                   |                  |                  |      |
|      |          |      |                   |                  |                  |      |
|      |          |      |                   |                  |                  |      |
|      |          |      |                   |                  |                  |      |

**7. 思考**

(1) 什么是经纬仪角度测回法观测?

(2) 经纬仪测回法为什么要配置度盘?

# 实训(七)  竖直角的观测

**1. 实训目的**

(1)掌握竖直角观测和计算方法。

(2)掌握竖盘指标差的测定方法。

**2. 实训仪器及工具**

每个实训小组配备光学经纬仪 1 台,配套脚架 1 个,记录板 1 块,自备铅笔。

**3. 实训内容及组织**

(1)实训学时为 2 学时,每组由 4 人或 5 人组成。

(2)在实训场地中选取一个目标,对光学经纬仪进行对中、整平后,采用测回法读取目标竖盘读数,记录数据,根据读数计算出竖直角,并且判断竖直角测量是否超限。

**4. 实训方法和步骤**

(1)光学经纬仪安置、对中、整平。

(2)竖直角观测。

① 竖直度盘构造。

竖直度盘刻划有顺时针和逆时针之分,判别经纬仪的竖直度盘是顺时针刻划还是逆时针刻划的方法:在盘左位置使望远镜大致水平,竖盘指标所指读数在 90°左右,然后望远镜向上仰时,如果竖盘读数减小,则度盘为顺时针刻划;反之为逆时针刻划。

顺时针刻划竖直角计算公式

$$盘左竖直角\ \alpha_左=90°-L$$
$$盘右竖直角\ \alpha_右=R-270°$$

逆时针刻划竖直角计算公式

$$盘左竖直角\ \alpha_左=L-90°$$
$$盘右竖直角\ \alpha_右=270°-R$$

② 观测。

盘左用经纬仪横丝瞄准目标,读取盘左读数 $L$。盘右用同样方法瞄准同一目标,读取盘右读数 $R$。

③ 计算。

采用上面公式计算半测回竖直角,并计算竖直度盘指标差 $x$,公式为

$$x=(L+R-360°)/2$$

对于光学经纬仪,同一测站各目标的指标差互差不大于 $25''$,或同方向各测回指标差互差不大于 $15''$,同一竖直角各测回互差不大于 $15''$。

在指标差互差和竖直角满足精度要求的情况下,计算各测回平均竖直角。

**5．实训注意事项**

（1）照准目标时，用十字丝中丝精确照准目标位置。

（2）计算竖直角和指标差时，应注意正负号。

**6．实训记录及报告书**

根据测量结果，填写竖直角观测记录表，如表 2-10 所示。

表 2-10　竖直角观测记录表

观测日期：_____　　仪器：_____　　观测者：_____　　记录者：_____　　天气：_____

| 测站 | 目标 | 竖盘位置 | 竖盘读数<br>（°′″） | 半测回角值<br>（°′″） | 指标差<br>（″） | 一测回角值<br>（°′″） | 备注 |
|------|------|----------|----------|----------|----------|----------|------|
|      |      |          |          |          |          |          |      |
|      |      |          |          |          |          |          |      |
|      |      |          |          |          |          |          |      |
|      |      |          |          |          |          |          |      |
|      |      |          |          |          |          |          |      |
|      |      |          |          |          |          |          |      |
|      |      |          |          |          |          |          |      |
|      |      |          |          |          |          |          |      |

**7．思考**

（1）竖直角计算公式是什么？

（2）什么是指标差？指标差计算公式是什么？

# 实训(八)　经纬仪的检验与校正

**1. 实训目的**

(1)了解经纬仪的主要轴线及应满足的几何条件。

(2)熟悉经纬仪的检验和校正方法。

**2. 实训仪器及工具**

每个实训小组配备光学经纬仪 1 台,配套脚架 1 个,记录板 1 块,自备铅笔。

**3. 实训内容及组织**

(1)实训学时为 2 学时,实训小组每组由 4 人或 5 人组成。

(2)按照实训方法和步骤检校,即照准部水准管轴垂直于竖轴的检校、望远镜视准轴垂直于横轴的检校、十字丝的竖丝垂直于横轴的检校,并知道如何校正,从而对经纬仪结构的认识更加深刻。

**4. 实训方法和步骤**

(1)一般检验。

一般检验主要检查三脚架是否稳固,仪器外表是否有损坏,仪器制动螺旋、微动螺旋、调焦螺旋、脚螺旋是否灵活有效。

(2)照准部水准管轴垂直于竖轴的检校。

① 检验。

a. 将仪器大致整平,转动照准部使水准管与 2 个脚螺旋连线平行。

b. 转动脚螺旋使水准管气泡居中,此时水准管轴水平。

c. 将照准部旋转 180°,若气泡仍然居中,表明条件满足;若气泡不居中,则需进行校正。

② 校正。

a. 用拨针拨动水准管校正螺钉,使气泡退回偏离值的一半(注意先放松一个螺钉,再旋紧另一个)。

b. 转动与水准管平行的 2 个脚螺旋,使气泡居中,此时水准管轴处于水平位置,竖轴处于铅直位置。

c. 此项检验校正需反复进行,直至照准部旋转到任何位置,气泡偏离最大不超过半格时为止。

(3)望远镜视准轴垂直于横轴的检校。

① 检验。

a. 选择一平坦场地,如图 2-15 所示,在 A、B 两点(相距约 100 m)的中点 O 安置仪器,在 A 点竖立一标志,在 B 点横放一根水准尺或毫米分划尺,使其尽可能与视线 OA

垂直,且与仪器大致等高。

b. 用盘左位置照准 $A$ 点,固定照准部,然后纵转望远镜成盘右位置,在 $B$ 尺上读数,得 $B_1$。

c. 盘右位置再照准 $A$ 点,固定照准部,纵转望远镜成盘左位置,在 $B$ 尺上读数,得 $B_2$。若 $B_1$、$B_2$ 两点重合,表明条件满足;否则需校正。

视准轴不垂直于横轴而相差一个角度 $C$,称为视准误差。$B_1$ 反映了盘左 $2C$ 误差,$B_2$ 反映了盘右 $2C$ 误差,$B_1$、$B_2$ 共为 $4C$ 误差。

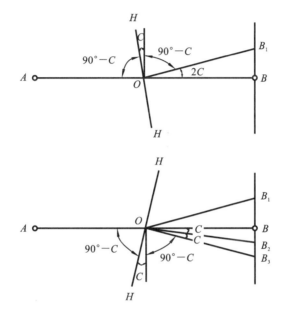

**图 2-15　视准轴垂直于横轴的校正**

② 校正。

a. 如图 2-15 所示,由 $B_2$ 点向 $B$ 点量取 $B_1B_2/4$ 的长度,定出 $B_3$ 点。

b. 用校正针拨动图 2-16 中左右 2 个校正螺钉,使十字丝交点与 $B_3$ 点重合,此时,视准轴垂直于横轴。

c. 此项检验校正需反复进行,直至满足条件为止。若还有残留误差,观测时可用盘左、盘右观测取平均值将其消除。

(4) 十字丝的竖丝垂直于横轴的检校。

① 检验。

a. 整平仪器,用竖丝任意一端照准远处一清晰点状目标 $N$。

b. 固定照准部和望远镜,将望远镜上下微动,如该点始终不离开竖丝,则说明竖丝垂直于横轴;否则需进行校正。

② 校正。

a. 卸下目镜处的十字丝护盖,如图 2-16 所示。

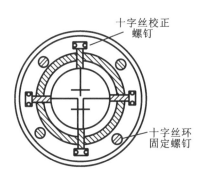

图 2-16 十字丝校正

b. 松开 4 个十字丝压环螺钉,微微转动十字丝分划板座,使竖丝与 N 点重合,直到望远镜上下微动时,该点始终在竖丝上为止。

c. 旋紧 4 个十字丝压环螺钉,装上十字丝护盖。

**5. 实训注意事项**

(1) 如果误差在限值以内,可不进行校正。

(2) 每项检校至少两人重复操作,检验数据确认无误后才能进行检校。

(3) 校正结束后,各校正螺钉应处于稍紧状态。

**6. 实训记录及报告书**

根据检验步骤,填写一般性检验记录表,如表 2-11 所示。

表 2-11 一般性检验记录表

仪器型号与编号:_____ 日期:_____ 班组:_____ 姓名:_____

| 检 验 项 目 | 检 验 结 果 |
|---|---|
| 三脚架是否牢固 | |
| 脚螺旋是否有效 | |
| 制动与微动螺旋是否有效 | |
| 调焦螺旋是否有效 | |
| 望远镜成像是否清晰 | |

**7. 思考**

(1) 望远镜视准轴垂直于横轴的检校步骤是什么?

(2) 十字丝的竖丝垂直于横轴如何检验?

# 实训(九) 钢 尺 量 距

**1. 实训目的**

(1) 掌握经纬仪定线,钢尺量距的一般方法。

(2) 采用往、返丈量的方法施测,要求钢尺量距的相对精度高于1/3000,此时取往、返测量的平均值作为直线的水平距离,若超限应重测。

**2. 实训仪器及工具**

每个实训小组配备光学经纬仪1台,经纬仪脚架1个,30 m钢尺1把,花杆1根,测钎若干,测伞1把,自备铅笔、计算器和记录本。

**3. 实训内容及组织**

(1) 实训课时为2学时,每个实训小组由4人或5人组成。

(2) 在实训场地选择距离约100 m的 $A$、$B$ 两点,采用经纬仪和钢尺边定线边丈量出直线 $AB$ 的水平距离,当相对精度满足限差要求时,取其平均值作为最终的直线距离。

**4. 实训方法和步骤**

(1) 经纬仪定线。

在地面选定距离约100 m的 $A$、$B$ 两点,并做标记。在 $A$ 点安置经纬仪并对中、整平仪器,用望远镜十字丝竖丝瞄准 $B$ 点并固定照准部,此时经纬仪视线方向即为 $AB$ 方向。

(2) 往测。

后尺手持钢尺零点对准 $A$ 点,前尺手持尺盒并携带测钎沿 $AB$ 方向前进,至一整尺段钢尺全部拉出时停下;此时观测员将望远镜下压,指挥前尺手定出分段点;前、后尺手拉紧钢尺并使钢尺紧靠直线分段点,前尺手在钢尺整尺长处插入测钎作为标记,完成一整尺段的测量。后尺手和前尺手同时提尺前进,依次丈量出其他各整尺段。最后一段不足一整尺长时,由前尺手在紧靠 $B$ 点的钢尺上直接读出余长。直线 $AB$ 的往测水平距离为钢尺整尺长乘以整尺段丈量个数再加上余长。

(3) 返测。

用同样的方法由 $B$ 点向 $A$ 点进行返测,得出直线 $AB$ 的返测水平距离。

(4) 检核。

计算相对误差,即往、返测距离之差的绝对值与平均距离之比。若相对误差在限差范围之内(1/3000),则取其平均值作为最终的 $A$、$B$ 两点间的距离;若超限,应查找原因并重测。

**5. 实训注意事项**

(1) 钢尺量距时应区分使用的是端点尺还是刻线尺。

（2）钢尺末端连接处易断，丈量时应注意末端不宜全部拉出。钢尺使用时应避免折、压、扭、拖，用毕擦净后方可卷入尺壳内。

（3）量距时钢尺要拉平，前、后尺手用力应均匀；当地面高低不平时，应注意保证尺身水平。

**6. 实训记录及报告书**

根据丈量结果，填写钢尺量距记录表（见表 2-12），检核无误后作为实训成果上交。

表 2-12　钢尺量距记录表

观测日期：_____　班组：_____　仪器：_____　天气：_____　成像：_____

自：_____测至：_____　观测者：_____　记录者：_____　校核者：_____

| 线段名称 | 观测次数 | 往　测 | | 返　测 | | 相对精度 $K$ | 平均长度 $D$ /m | 备注 |
| --- | --- | --- | --- | --- | --- | --- | --- | --- |
| | | 整尺段数 $n$ | 余长 $q$/m | 整尺段数 $n$ | 余长 $q$/m | | | |
| | | | | | | | | |
| | | | | | | | | |
| | | | | | | | | |
| | | | | | | | | |
| | | | | | | | | |
| | | | | | | | | |
| | | | | | | | | |
| | | | | | | | | |
| | | | | | | | | |
| | | | | | | | | |

**7. 思考**

（1）钢尺量距过程中的误差来源有哪些？

（2）丈量时的拉力如果大于或小于钢尺检定时的拉力，对量距结果有哪些影响？

# 实训(十)　全站仪的认识与使用

**1. 实训目的**

(1) 认识全站仪的构造,熟悉仪器各部件的名称及作用。

(2) 掌握全站仪对中、整平、瞄准目标、调焦及消除视差的方法。

(3) 熟悉全站仪的菜单功能,以及角度、距离和坐标测量模式中各功能键的含义;了解显示屏幕中常见符号的含义。

**2. 实训仪器及工具**

每个实训小组配备全站仪 1 套,单棱镜、棱镜基座及三脚架各 2 套,对讲机 2 个,测伞 1 把,自备铅笔、计算器和记录本。

**3. 实训内容及组织**

(1) 实训课时为 2 学时,每个实训小组由 4 人或 5 人组成。

(2) 熟悉全站仪各部件的名称及作用。

(3) 练习全站仪对中、整平、瞄准目标、调焦、消除视差的操作方法。

(4) 练习使用全站仪进行角度、距离和坐标测量的基本方法。

**4. 实训方法和步骤**

(1) 全站仪的认识。

图 2-17 为全站仪的外形及部件名称。

(2) 全站仪的使用。

① 安置仪器。在实验场地上选择一点 $O$ 作为测站点,在 $O$ 点安置全站仪,并精确对中和整平。另外选择 $A$、$B$ 两个观测点,分别安置棱镜并对中、整平。

② 角度测量(测回法)。

a. 按下电源开关(POWER 键)开机,通过操作键使显示屏处于角度测量模式。

b. 盘左位置瞄准左侧目标 $A$,按"置零"键,设置 $OA$ 的水平方向值为 $0°00'00''$;顺时针转动照准部,瞄准右侧目标 $B$ 并制动,显示屏将显示盘左位置的水平角和 $OB$ 方向的竖直角。

c. 将望远镜置成盘右位置,先瞄准右侧目标 $B$,得 $OB$ 方向的水平度盘读数 $b_右$ 和竖直角;逆时针转动照准部,瞄准左侧目标 $A$,得 $OA$ 方向的水平度盘读数 $a_右$ 和竖直角,可得盘右测回的水平角值 $\beta_右 = b_右 - a_右$。

d. 判断该测回盘左、盘右测量值互差是否超限,计算一测回的角值。

③ 距离测量。

a. 通过操作键使显示屏处于距离测量模式。

b. 输入测量温度和气压,设置棱镜常数、距离单位、测量次数、测量模式(精测、跟踪

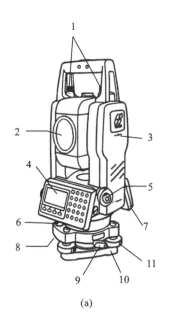 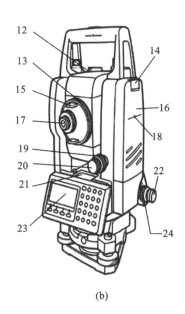

(a)　　　　　　　　　　　　　　　(b)

**图 2-17　全站仪**

(a)前视图　(b)后视图

1—提手固定螺旋　2—物镜　3—仪器中心标志(前视)　4—显示屏　5—光学对中器　6—圆水准器　7—串行信号接口

8—圆水准器校正螺旋　9—基座固定钮　10—底板　11—整平脚螺旋　12—粗瞄准器　13—望远镜调焦螺旋

14—电池锁紧杆　15—望远镜把手　16—机载电池　17—目镜　18—仪器中心标志(后视)　19—垂直制动螺旋

20—垂直微动螺旋　21—管水准器　22—水平微动螺旋　23—显示屏　24—水平制动螺旋

和粗测模式)等参数。

c. 瞄准棱镜中心，按距离测量键开始量距并显示测量结果，其中 $HD$ 为水平距离，$VD$ 为高差，$SD$ 为倾斜距离。

④ 坐标测量。

a. 通过操作键使显示屏处于坐标测量模式。

b. 依次输入测站点 $O$ 点的三维坐标($N,E,Z$)、仪器高和目标点棱镜高。

c. 瞄准棱镜中心，按坐标测量键直接测定目标点的三维坐标。

**5. 实训注意事项**

(1) 在搬动仪器时，应尽可能减轻震动，剧烈震动可能导致仪器部件受损。

(2) 开箱拿出仪器时，必须将仪器箱放置水平，再开箱。

(3) 应避免全站仪日晒、雨淋、碰撞震动，严禁将仪器直接照准太阳。

(4) 使用三脚架时应检查其部件，各螺旋应能活动自如，无滑丝现象。

(5) 仪器放置到三脚架架头上，必须适度旋紧三脚架的连接螺旋，以保障仪器的安全。

(6) 瞄准目标后，必须检查并消除视差现象。

(7) 全站仪更换电池时，必须先关机。在开机状态下不能将电池取出，防止数据丢失。

**6. 实训记录及报告书**

（1）将原始测量记录填入全站仪测量记录表（见表 2-13），计算、检核后作为实训成果上交。

表 2-13　全站仪测量记录表

观测日期：_____　班组：_____　仪器：_____　天气：_____　成像：_____

观测者：_____　记录者：_____　校核者：_____

| 测站 | 测点 | 仪器高 /m | 棱镜高 /m | 竖盘位置 | 水平角观测 | 竖直角观测 | 距离测量 | | | 坐标测量 | | |
|---|---|---|---|---|---|---|---|---|---|---|---|---|
| | | | | | 水平度盘读数 /(°′″) | 竖直角 /(°′″) | 斜距 /m | 平距 /m | 高程 /m | $X$ /m | $Y$ /m | $H$ /m |
| | | | | | | | | | | | | |
| | | | | | | | | | | | | |
| | | | | | | | | | | | | |
| | | | | | | | | | | | | |
| | | | | | | | | | | | | |
| | | | | | | | | | | | | |
| | | | | | | | | | | | | |
| | | | | | | | | | | | | |
| | | | | | | | | | | | | |

**7. 思考**

全站仪和光学经纬仪的操作有哪些异同点？

# 实训(十一)　全站仪导线测量

**1. 实训目的**

（1）掌握闭合导线外业选点及施测的方法。

（2）掌握闭合导线内业计算及数据检核的方法。

**2. 实训仪器及工具**

每个实训小组配备全站仪 1 台，全站仪脚架 1 个，单棱镜及三脚架 2 套，罗盘仪 1 个，罗盘仪脚架 1 个，记录板 1 块，自备铅笔、计算器和记录本。

**3. 实训内容及组织**

（1）实训课时为 2 学时，每个实训小组由 4 人或 5 人组成。

（2）在测区内选取 5 个导线点构成 1 条闭合导线，采用测回法测量闭合导线的内角，用全站仪往、返测量各导线边的边长，用罗盘仪测定闭合导线起始边的磁方位角。外业数据采集完成后，按照给定的起始点坐标，测量得到的起始边的磁方位角、各转折角和各导线边边长，计算其他导线点的坐标。

**4. 实训方法和步骤**

（1）导线选点。

根据测区的实际情况选择导线点，选择的点位应满足导线点选择的相关要求。导线点选定后，应在点位上制作临时性标志，并以测区西南角为起始点，可按顺时针方向进行编号并绘制闭合导线草图，如图 2-18 所示。

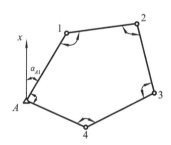

**图 2-18　闭合导线测量示意图**

（2）闭合导线的角度测量。

按照导线的前进方向，采用测回法测量闭合导线的内角（图中为右角），要求第一测回中盘左与盘右两次测角的角差不大于 $40''$。闭合导线的角度闭合差在 $\pm 40\sqrt{n}('')$ 以内。

（3）闭合导线的边长测量。

用全站仪往、返测量各导线边的边长。

（4）利用罗盘仪测定闭合导线起始边的磁方位角。

要求正向与反向观测，起始边正向与反向的方位角角差在180°±30″内，将反方位角的值±180°后与正方位角的值取平均值后作为起始边的方位角值。

（5）闭合导线已知数据及外业观测数据填表、检核及内业坐标计算。

要求导线全长的相对闭合差不超过 1/2000。表 2-14 为导线转折角测量手簿，表 2-15 为导线边边长记录手簿，表 2-16 为导线坐标计算表。

### 表 2-14　导线转折角测量手簿

观测日期：_____　班组：_____　仪器：_____　天气：_____　成像：_____

观测者：_____　记录者：_____　校核者：_____

| 测站 | 目标 | 竖盘位置 | 水平度盘读数 /(°′″) | 半测回角值 /(°′″) | 一测回角值 /(°′″) | 备　　注 |
|------|------|----------|-----------|-----------|-----------|----------|
|      |      |          |           |           |           |          |
|      |      |          |           |           |           |          |
|      |      |          |           |           |           |          |
|      |      |          |           |           |           |          |
|      |      |          |           |           |           |          |
|      |      |          |           |           |           |          |
|      |      |          |           |           |           |          |
|      |      |          |           |           |           |          |
|      |      |          |           |           |           |          |
|      |      |          |           |           |           |          |
|      |      |          |           |           |           |          |
|      |      |          |           |           |           |          |
|      |      |          |           |           |           |          |
|      |      |          |           |           |           |          |
|      |      |          |           |           |           |          |
|      |      |          |           |           |           |          |
|      |      |          |           |           |           |          |
|      |      |          |           |           |           |          |
|      |      |          |           |           |           |          |
|      |      |          |           |           |           |          |
|      |      |          |           |           |           |          |
|      |      |          |           |           |           |          |
|      |      |          |           |           |           |          |
|      |      |          |           |           |           |          |

## 表 2-15　导线边边长记录手簿

观测日期：_____　班组：_____　仪器：_____　天气：_____　成像：_____

观测者：_____　记录者：_____　校核者：_____

| 导线边 | 起点 | 终点 | 往测/m | 返测/m | (往－返)/m | 相对精度 | 平均长度/m | 备注 |
|--------|------|------|--------|--------|-----------|----------|-----------|------|
|        |      |      |        |        |           |          |           |      |
|        |      |      |        |        |           |          |           |      |
|        |      |      |        |        |           |          |           |      |
|        |      |      |        |        |           |          |           |      |
|        |      |      |        |        |           |          |           |      |
|        |      |      |        |        |           |          |           |      |
|        |      |      |        |        |           |          |           |      |
|        |      |      |        |        |           |          |           |      |
|        |      |      |        |        |           |          |           |      |
|        |      |      |        |        |           |          |           |      |
|        |      |      |        |        |           |          |           |      |

表 2-16 导线坐标计算表

计算日期：_____ 班组：_____ 计算者：_____ 校核者：_____

| 点号 | 观测角（右角）/(°′″) | 改正数/(″) | 改正后角度/(°′″) | 坐标方位角/(°′″) | 距离/m | 坐标增量/m | | 改正后增量/m | | 坐标值/m | | 点号 |
|---|---|---|---|---|---|---|---|---|---|---|---|---|
| | | | | | | $\Delta x'$ | $\Delta y'$ | $\Delta x$ | $\Delta y$ | $x$ | $y$ | |
| | | | | | | | | | | | | |
| | | | | | | | | | | | | |
| | | | | | | | | | | | | |
| | | | | | | | | | | | | |
| | | | | | | | | | | | | |
| | | | | | | | | | | | | |
| 总和 | | | | | | | | | | | | |
| 辅助计算 | | | | | | | | | | | | |

### 5. 实训注意事项

（1）导线点位应选在稳固可靠、视野开阔的地方；相邻点间应通视良好；导线边长应大致相等，导线点的分布应均匀，以便控制整个测区。

（2）每个测站观测完毕后，应立即计算转折角和导线边长结果，如不符合要求，应立即重测。

（3）导线转折角观测完毕后，应立即计算角度闭合差。在限差范围之内，才可进行下一步工作；导线全长相对闭合差精度合格后，才可进行纵、横坐标增量的调整；否则应查找原因。外业数据超限时应重测。

### 6. 实训记录及报告书

将原始测量记录填入导线转折角测量手簿（见表 2-14）和导线边边长记录手簿（见表 2-15），填写导线坐标计算表（见表 2-16），检核无误后作为实训成果上交。

**7. 思考**

（1）简述导线测量中角度闭合差计算和调整的方法，坐标方位角推算的方法，纵、横坐标增量闭合差计算和调整的方法。

（2）简述闭合导线、附合导线和支导线内业计算的异同点。

# 实训(十二)　经纬仪配合钢尺导线测量

**1. 实训目的**

(1)掌握经纬仪导线外业选点及施测的方法。

(2)掌握闭合导线内业计算及数据检核的方法。

**2. 实训仪器及工具**

每个实训小组配备光学经纬仪 1 台,经纬仪脚架 1 个,30 m 钢尺 1 把,花杆 1 根,测钎若干,40 mm×40 mm×300 mm 木桩 5~6 根,小铁钉若干,锤子 1 把,罗盘仪 1 个,罗盘仪脚架 1 个,小钢卷尺 1 把,测伞 1 把,自备铅笔、计算器和记录本。

**3. 实训内容及组织**

(1)实训课时为 2 学时,每个实训小组由 4 人或 5 人组成。

(2)在测区内选取 5 个导线点构成 1 条闭合导线,采用测回法测量闭合导线的内角,用钢尺量距的方法往、返测量各导线边的边长,用罗盘仪测定闭合导线起始边的磁方位角。外业数据采集完成后,按照给定的起始点坐标,测量得到的起始边的磁方位角、各转折角和各导线边边长,计算其他导线点的坐标。

**4. 实训方法和步骤**

(1)导线选点。

根据测区的实际情况选择导线点,选择的点位应满足导线点选择的相关要求。导线点选定后,应在点位上钉设木桩,桩顶钉小钉标明点位,并以测区西南角为起始点,可按顺时针方向进行编号并绘制闭合导线草图。

(2)闭合导线的角度测量。

按照导线的前进方向,采用测回法测量闭合导线的内角,要求一测回中盘左与盘右两次测角的角差不大于 $40''$。闭合导线的角度闭合差在 $\pm 40\sqrt{n}('')$ 以内。

(3)闭合导线的边长测量。

采用经纬仪定线、钢尺量距的方法,往、返测量各导线边的边长,读数至毫米位,钢尺量距的相对精度 $K \leqslant 1/3000$。

(4)利用罗盘仪测定闭合导线起始边的磁方位角。

要求正向与反向观测,起始边正向与反向的方位角角差在 $180° \pm 30''$ 内,将反方位角的值 $\pm 180°$ 后与正方位角的值取平均值后作为起始边的方位角值。

(5)闭合导线已知数据及外业观测数据填表、检核及内业坐标计算。

要求导线全长的相对闭合差不超过 1/2000。表 2-17 为导线转折角测量手簿,表 2-18 为导线边边长记录手簿,表 2-19 为导线坐标计算表。

表 2-17　导线转折角测量手簿

观测日期：＿＿＿＿＿＿　班组：＿＿＿＿＿＿　仪器：＿＿＿＿＿＿　天气：＿＿＿＿＿＿　成像：＿＿＿＿＿＿

观测者：＿＿＿＿＿＿　记录者：＿＿＿＿＿＿　校核者：＿＿＿＿＿＿

| 测站 | 目标 | 竖盘位置 | 水平度盘读数 /(°′″) | 半测回角值 /(°′″) | 一测回角值 /(°′″) | 备注 |
|---|---|---|---|---|---|---|
|  |  |  |  |  |  |  |
|  |  |  |  |  |  |  |
|  |  |  |  |  |  |  |
|  |  |  |  |  |  |  |
|  |  |  |  |  |  |  |
|  |  |  |  |  |  |  |
|  |  |  |  |  |  |  |
|  |  |  |  |  |  |  |
|  |  |  |  |  |  |  |
|  |  |  |  |  |  |  |
|  |  |  |  |  |  |  |
|  |  |  |  |  |  |  |

### 表 2-18　导线边边长记录手簿

观测日期：_____　班组：_____　仪器：_____　天气：_____　成像：_____

观测者：_____　记录者：_____　校核者：_____

| 导线边 | 往测 | | 往测距离/m | 返测 | | 返测距离/m | 相对精度 $K$ | 平均边长 $D$/m | 备注 |
|---|---|---|---|---|---|---|---|---|---|
| | 整尺段数 $n_{往}$/个 | 余长$_{往}$ $q$/m | | 整尺段数 $n_{返}$/个 | 余长 $q_{返}$/m | | | | |
| | | | | | | | | | |
| | | | | | | | | | |
| | | | | | | | | | |
| | | | | | | | | | |
| | | | | | | | | | |
| | | | | | | | | | |
| | | | | | | | | | |
| | | | | | | | | | |
| | | | | | | | | | |
| | | | | | | | | | |
| | | | | | | | | | |

表 2-19　导线坐标计算表

计算日期:_____　班组:_____　计算者:_____　校核者:_____

| 点号 | 观测角(右角)/(°′″) | 改正数/(″) | 改正后角度/(°′″) | 坐标方位角/(°′″) | 距离/m | 坐标增量/m | | 改正后增量/m | | 坐标值/m | | 点号 |
|---|---|---|---|---|---|---|---|---|---|---|---|---|
| | | | | | | $\Delta x'$ | $\Delta y'$ | $\Delta x$ | $\Delta y$ | $x$ | $y$ | |
| | | | | | | | | | | | | |
| | | | | | | | | | | | | |
| | | | | | | | | | | | | |
| | | | | | | | | | | | | |
| | | | | | | | | | | | | |
| | | | | | | | | | | | | |
| 总和 | | | | | | | | | | | | |
| 辅助计算 | | | | | | | | | | | | |

**5. 实训注意事项**

(1)导线点位应选在稳固可靠、视野开阔的地方;相邻点间应通视良好;导线边长应大致相等,导线点的分布应均匀,以便控制整个测区;选点时应考虑安全事项,不要将点位选在道路中间,同一地点不同小组选定的导线点间距应大于 2 m。

(2)每个测站观测完毕后,应立即计算转折角和导线边长结果,如不符合要求,应立即重测。

(3)导线转折角观测完毕后,应立即计算角度闭合差。在限差范围之内,才可进行下一步工作;导线全长相对闭合差精度合格后,才可进行纵、横坐标增量的调整;否则应查找原因。外业数据超限时应重测。

(4)钢尺量距时应避免折、压、扭、拖钢尺,用毕擦净后方可卷入尺壳内。

**6. 实训记录及报告书**

将原始测量记录填入导线转折角测量手簿(见表 2-17)和导线边边长记录手簿(见

表 2-18),填写导线坐标计算表(见表 2-19),检核无误后作为实训成果上交。

**7. 思考**

简述经纬仪配合钢尺导线测量与全站仪导线测量的异同点。

# 实训(十三) 四等水准测量

**1. 实训目的**

(1) 熟练使用自动安平水准仪及水准尺。

(2) 掌握四等水准测量的观测程序,熟悉一个测站上的观测、记录、计算与检核等内容。

**2. 实训仪器及工具**

每个实训小组配备自动安平水准仪 1 台,水准仪脚架 1 个,水准尺 2 根(对尺),尺垫 2 个,30 m 钢尺 1 把,自备铅笔、计算器和记录本。

**3. 实训内容及组织**

(1) 在测区选择两个已知的固定水准点(相距 300～400 m),每人完成该测段合格的四等水准测量的观测、记录、计算及检核工作。

(2) 每人独立完成该测段两点高差的计算,组内进行计算成果比较,相差较大者,应查找原因并重测。

**4. 实训方法和步骤**

(1) 在测区选择两个已知的固定水准点,分别作为起点和终点,将该测段设成偶数测站进行观测。在起点和第一个转点之间安置水准仪并整平(可用目估或步量等方式使前、后视距大致相等),在起点和转点上分别竖立水准尺(在已知水准点和待测水准点上均不放尺垫,而在转点上必须放置尺垫),按照四等水准测量的观测程序(即后—前—前—后,黑—黑—红—红)完成一个测站的观测。

(2) 观测员读取数据,记录员应先回报后记录。当一个测站观测完毕后,记录员应在现场计算并检核数据,测站检核的技术要求如表 2-20 所示,计算结果满足要求后方可搬站,否则应查找原因并重测。

表 2-20 四等水准测量的技术要求

| 等级 | 视线长度/m | 前后视距差/m | 任一测站上前后视距差累积/m | 视线高度 | 基、辅分划(黑红面)读数的差/mm | 基、辅分划(黑红面)所测高差的差/mm |
|------|-----------|-------------|--------------------------|---------|---------------------------|---------------------------|
| 四等 | ≤100 | ≤3.0 | ≤10.0 | 三丝能读数 | 3.0 | 5.0 |

(3) 搬站时,将水准仪搬至第一个转点和第二个转点的中间位置安置,第一个转点处的尺垫和水准尺保持不动,将起点处的水准尺搬至第二个转点的尺垫上,连续地进行

第二个测站的观测、记录、计算和检核工作(记录见表 2-21)。用上述方法沿前进方向依次设站施测,直至该测段终点。

### 表 2-21 四等水准测量记录手簿

观测日期:_____ 班组:_____ 仪器:_____ 天气:_____ 成像:_____

自:_____ 测至:_____ 观测者:_____ 记录者:_____ 校核者:_____

| 测站编号 | 测点编号 | 后尺 | 下丝 上丝 | 前尺 | 下丝 上丝 | 方向及尺号 | 水准尺中丝读数/m | | $K+$黑$-$红/mm | 高差中数/m | 备注 |
|---|---|---|---|---|---|---|---|---|---|---|---|
| | | | 后视距/m | | 前视距/m | | 黑面 | 红面 | | | |
| | | 视距差 $d$/m | | 视距累积差 $\sum d$/m | | | | | | | |
| | | | | | | 后 | | | | | |
| | | | | | | 前 | | | | | |
| | | | | | | 后-前 | | | | | |
| | | | | | | | | | | | |
| | | | | | | 后 | | | | | |
| | | | | | | 前 | | | | | |
| | | | | | | 后-前 | | | | | |
| | | | | | | | | | | | |
| | | | | | | 后 | | | | | |
| | | | | | | 前 | | | | | |
| | | | | | | 后-前 | | | | | |
| | | | | | | | | | | | |
| | | | | | | 后 | | | | | |
| | | | | | | 前 | | | | | |
| | | | | | | 后-前 | | | | | |
| | | | | | | | | | | | |
| | | | | | | 后 | | | | | |
| | | | | | | 前 | | | | | |
| | | | | | | 后-前 | | | | | |
| | | | | | | | | | | | |
| | | | | | | 后 | | | | | |
| | | | | | | 前 | | | | | |
| | | | | | | 后-前 | | | | | |
| | | | | | | | | | | | |

**5．实训注意事项**

（1）实训中各组组长应对组员进行合理分工,要求每位组员都能参与观测、记录、计算和立尺练习。

（2）在一个测站的观测过程中,自动安平水准仪的圆水准器只能整平一次;每次读数时,都要消除视差;前、后视距应大致相等。

（3）观测时水准尺应立直,在已知水准点和待求水准点上均不放尺垫,而在转点上必须放置尺垫,也可选择有凸出点的坚实地物作为转点而不放置尺垫。

（4）当一个测站观测完毕后,应现场计算,各项限差满足要求后才能搬站,搬站时还应注意水准尺的搬迁顺序。

**6．实训记录及报告书**

每人上交一份合格的四等水准测量记录手簿(见表 2-21),计算出给定测段起点和终点之间的高差,检核无误后作为实训成果上交。

**7．思　考**

（1）水准测量一个测站的观测中,为什么要求前、后视距应大致相等?

（2）什么是视差现象? 如何检查和消除视差?

# 实训(十四)　全站仪三角高程导线测量

**1. 实训目的**

(1) 掌握使用全站仪进行竖直角和距离观测的方法。

(2) 掌握全站仪三角高程导线测量的选点、对向观测、记录及数据处理的方法。

**2. 实训仪器及工具**

每个实训小组配备全站仪 1 套,单棱镜、棱镜基座及三脚架各 2 套,对讲机 2 个,测伞 1 把,自备铅笔、计算器和记录本。

**3. 实训内容及组织**

(1) 实训课时为 2 学时,每个实训小组由 4 人或 5 人组成。

(2) 熟悉全站仪的使用方法。

(3) 在测区布设一个附合高程导线(长度 1000～1500 m),每组完成该路线高程导线的选点、观测、记录、计算及检核工作。

**4. 实训方法和步骤**

(1) 选点,即根据测区已知水准点和地形特征选定待求高程点,构成一个附合高程导线,附合高程导线路线图如图 2-19 所示,其中,A 点、D 点是已知高程点,B 点、C 点是待求高程点。

(2) 在起始点 A 安置全站仪,对中、整平后,量取仪器高;在 B 点架设棱镜并对中、整平,量取觇标高。用测回法测量 AB 方向的竖直角,并记录每次测量的斜距,测两个测回。依次计算指标差、各测回的平均竖直角值、平均斜距等,若超限,应重新观测。记录手簿如表 2-22 所示。

(3) 迁站,在 B 点安置全站仪,在 A 点、C 点分别架设棱镜,同法测量 BA 方向、BC 方向的竖直角和斜距,记录、计算并检核。按照上述方法依次测量至 D 点。

(4) 对外业观测数据进行检查并整理,填写高程成果计算表,如表 2-23 所示。

**图 2-19　附合高程导线路线图**

### 表 2-22　全站仪三角高程导线观测记录手簿

观测日期：_____　班组：_____　仪器：_____　天气：_____　成像：_____

观测者：_____　记录者：_____　校核者：_____

| 测站 仪器高 /m | 觇点 觇标高 /m | 测回 | 度盘位置 | 竖直角观测值 /(°′″) | 指标差 /(″) | 一测回竖直角 /(°′″) | 各测回平均竖直角 /(°′″) | 斜距/m | 平均斜距 /m | 计算平距 /m | 高差 /m |
|---|---|---|---|---|---|---|---|---|---|---|---|
| _____ | | I | 盘左 | | | | | | | | |
| | | | 盘右 | | | | | | | | |
| _____ | | II | 盘左 | | | | | | | | |
| | | | 盘右 | | | | | | | | |
| _____ | | I | 盘左 | | | | | | | | |
| | | | 盘右 | | | | | | | | |
| _____ | | II | 盘左 | | | | | | | | |
| | | | 盘右 | | | | | | | | |
| _____ | | I | 盘左 | | | | | | | | |
| | | | 盘右 | | | | | | | | |
| _____ | | II | 盘左 | | | | | | | | |
| | | | 盘右 | | | | | | | | |
| _____ | | I | 盘左 | | | | | | | | |
| | | | 盘右 | | | | | | | | |
| _____ | | II | 盘左 | | | | | | | | |
| | | | 盘右 | | | | | | | | |

### 表 2-23　高程成果计算表

计算日期：_____　班组：_____　计算者：_____　校核者：_____

| 测点点号 | 水平距离/m | 高差/m | 高差改正数/m | 改正后高差/m | 高程 *H*/m | 备注 |
|---|---|---|---|---|---|---|
| _____ | | | | | | |
| _____ | | | | | | |
| _____ | | | | | | |
| _____ | | | | | | |
| Σ | | | | | | |
| 辅助计算 | | | | | | |

**5. 实训注意事项**

（1）实训前应仔细阅读本实训指导书，认真听指导教师的讲解，明确本实训的目的、要求及需提交的实训成果。

（2）全站仪及棱镜必须有人看护，操作时应注意仪器各旋钮的旋转力度，保证仪器安全。

（3）使用全站仪观测时，应进行有关的初始设置，如棱镜常数等。

（4）每个测站观测完成后，应马上计算并检核各项限差，合格后方可迁站；若超限，应查明原因并重测。

（5）组长应对组员进行合理分工，要求每位同学都能进行仪器架设、观测、记录、计算及检核训练。

**6. 实训记录及报告书**

在教师指定的测区进行全站仪三角高程导线观测，将原始测量记录填入全站仪三角高程导线观测记录手簿（见表 2-22），检核无误后，根据给定的起算数据，填写并计算高程成果计算表（见表 2-23），检核无误后作为实训成果上交。

**7. 思考**

（1）全站仪三角高程导线测量的精度如何？为何要进行对向观测？

（2）全站仪三角高程导线测量和水准测量分别适用于何种场合？

# 实训(十五)　坡 度 测 设

**1. 实训目的**

(1)熟练使用自动安平水准仪及水准尺。

(2)掌握直线坡度线测设的方法。

**2. 实训仪器及工具**

每个实训小组配备自动安平水准仪1台,水准仪脚架1个,水准尺2根(对尺),尺垫2个,30 m钢尺1把,花杆1根,测钎若干,40 mm×40 mm×300 mm木桩5～6根,小铁钉若干,锤子1把,自备铅笔、计算器和记录本。

**3. 实训内容**

(1)实训课时为2学时,每个实训小组由4人或5人组成。

(2)在教师指定的实习场地上,给定一直线$AB$,已知起点$A$的设计高程$H_{设A}=80.020$ m,直线$AB$的水平距离$D_{AB}=90.000$ m,设计坡度$i=+1\%$,场地内已知水准点$C$点的高程$H_C=80.220$ m。要求在直线$AB$方向上,每间距$d=20$ m打一木桩,并在木桩上标出坡度为$i$的坡度线。

**4. 实训方法和步骤**

(1)在直线$AB$方向上,从$A$点起每隔20 m打入一木桩,依次编号为1、2、3、4,则4、$B$两点的距离为10.000 m。

(2)依次计算各桩点的设计高程。

第1点的设计高程为$H_{设1}=H_{设A}+i\times D_{A1}=(80.020+1\%\times 20)$ m$=80.220$ m

第2点的设计高程为$H_{设2}=H_{设A}+i\times D_{A2}=(80.020+1\%\times 40)$ m$=80.420$ m

第3点的设计高程为$H_{设3}=H_{设A}+i\times D_{A3}=(80.020+1\%\times 60)$ m$=80.620$ m

第4点的设计高程为$H_{设4}=H_{设A}+i\times D_{A4}=(80.020+1\%\times 80)$ m$=80.820$ m

$B$点的设计高程为$H_{设B}=H_{设A}+i\times D_{AB}=(80.020+1\%\times 90.000)$ m$=80.920$ m

(3)将水准仪安置在已知水准点$C$点附近,读取$C$点水准尺的后视读数$a=1.428$ m,计算出水准仪的视线高程,即$H_i=H_C+a=(80.220+1.428)$ m$=81.648$ m。根据各桩点的设计高程,分别计算出各桩点水准尺上的应读前视读数,即$b_应=H_i-H_设$,具体为

$$b_{应A}=H_i-H_{设A}=(81.648-80.020)\text{ m}=1.628\text{ m}$$

$$b_{应1}=H_i-H_{设1}=(81.648-80.220)\text{ m}=1.428\text{ m}$$

$$b_{应2}=H_i-H_{设2}=(81.648-80.420)\text{ m}=1.228\text{ m}$$

$$b_{应3}=H_i-H_{设3}=(81.648-80.620)\text{ m}=1.028\text{ m}$$

$$b_{应4}=H_i-H_{设4}=(81.648-80.820)\text{ m}=0.828\text{ m}$$

$$b_{应B}=H_i-H_{设B}=(81.648-80.920)\text{ m}=0.728\text{ m}$$

（4）将水准尺紧贴各桩点木桩侧面并上下移动，当水准仪中的读数恰好是前视读数$b_{应}$时，水准尺底端对应的位置即为测设的高程标志线，可沿尺底在木桩侧壁处画一红线，从而得到各桩点的测设位置，各桩上红线的连线即为直线$AB$的设计坡度线。

（5）测设完成后应检核测设精度是否满足要求，若超限，应查找原因并重新测设。

**5. 实训注意事项**

（1）测设前应明确已知高程点的点位及高程数据、待测设点的设计高程等信息，并依据拟采用的测设方法计算出各测设点的测设数据，实地测设前应检核测设数据。

（2）在实地测设时，可绘制测设简图，并将测设数据标注在图上以便测设时参考。

**6. 实训记录及报告书**

提交一份完整的坡度线测设数据计算资料（见表2-24），检核无误后作为实训成果上交。为便于练习，指导教师可对相关数据适当修改。

表2-24　测设数据计算表

观测日期：_____　班组：_____　仪器：_____　天气：_____　成像：_____

观测者：_____　记录者：_____　校核者：_____

已知水准点高程：_____　直线设计坡度：_____

直线水平距离：_____　后视读数$a$：_____

| 测设桩点点号 | 桩点至起点距离/m | 桩点设计高程/m | 视线高程/m | 桩点应读前视读数$b_{应}$/m |
|---|---|---|---|---|
| | | | | |
| | | | | |
| | | | | |
| | | | | |
| | | | | |
| | | | | |
| | | | | |
| | | | | |
| | | | | |
| | | | | |

**7. 思考**

（1）测设直线坡度线有哪些方法？其操作有何异同？

（2）采用视线高法测设已知高程的原理是什么？

# 实训(十六)　建筑物的轴线测设和高程测设

**1. 实训目的**

(1)掌握建筑物轴线测设时,测设数据的计算及施测的基本方法。

(2)掌握建筑物高程测设的方法。

**2. 实训仪器及工具**

每个实训小组配备自动安平水准仪 1 台,水准仪脚架 1 个,水准尺 2 根(对尺),全站仪 1 台,脚架 1 个,带基座的棱镜 1 个,30 m 钢尺 1 把,40 mm×40 mm×300 mm 木桩 8~10 根,小铁钉若干,锤子 1 把,测伞 1 把,自备铅笔、计算器和记录本。

**3. 实训内容及组织**

(1)实训课时为 2 学时,每一实训小组由 4 人或 5 人组成。

(2)在教师指定的实习场地,每组选择合适的地点打入 $A$、$B$ 木桩,并钉小钉标示出点位,$A$、$B$ 两点间的水平距离 $D_{AB}=50.000$ m。直线 $AB$ 表示一已有建筑基线,按照图 2-20 所示的测设图,将一民用建筑物的轴线桩点测设于地面,并将室内地坪的±0.000 标高线标注于现场。假定已知水准点 $A$ 的高程 $H_A=85.850$ m,建筑物±0.000 对应的设计高程 $H_设=86.000$ m。

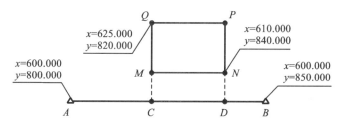

**图 2-20　建筑物轴线定位和高程测设**

**4. 实训方法和步骤**

(1)熟悉测设图纸,小组成员协商制订测设方案。

可按照定位条件、现场地形等因素制订施工测设方案,常用的测设方法有极坐标法和直角坐标法。

(2)计算测设数据。

例如,采用直角坐标法测设 $M$ 点,需要计算出直线 $AC$、$CM$ 的距离;采用极坐标法测设 $N$ 点,需要计算出直线 $BN$ 的距离,直线 $BN$ 与直线 $BA$ 的水平夹角 $\beta$。

(3)现场放样。

例如,采用直角坐标法测设 $M$ 点的步骤如下。

①在 A 点安置全站仪并对中、整平仪器,用望远镜十字丝竖丝瞄准 B 点并固定照准部,此时全站仪视线方向即为 AB 方向。

②沿视线方向,用钢尺丈量水平距离 AC,插入测钎,并在测钎处打入木桩。

③重新在视线方向上丈量水平距离 AC,并在木桩上钉入小钉标示出 C 点。

④将全站仪搬至 C 点并对中、整平仪器,盘左位置瞄准 B 点,将水平度盘读数调为 $0°00'00''$,转动照准部,使水平度盘读数为 $270°00'00''$ 并制动,沿视线方向丈量水平距离 CM,打入木桩后定出 M' 点。

⑤将全站仪转成盘右位置,同法在木桩上定出 M'' 点。

⑥若 M' 点与 M'' 点之差在允许范围之内,取 M' 点与 M'' 点连线的中点作为 M 点的位置,并在木桩上钉入小钉标示出 M 点。

采用极坐标法测设 N 点的步骤如下。

①在 B 点安置全站仪并对中、整平仪器,用盘左盘右分中法测设水平角 $\beta$,得到 BN 方向线。

②沿该方向测设水平距离 BN,即得到 N 点点位。

同理,用直角坐标法或极坐标法依次测设出 P 点和 Q 点。

(4) 当建筑物的所有轴线点测设完毕后,应检核其精度。

可分别测量∠Q 和∠P,实测值与设计值 $90°$ 之差不应超过限差要求;测量直线 PQ 的水平距离,相对误差也不应超过限差要求。

(5) 建筑物室内地坪标高的测设。

设已知水准点 A 的高程为 $H_A = 85.850$ m,建筑物±0.000 对应的设计高程 $H_设 = 86.000$ m。分别在 M、N、P、Q 点的轴线桩上测设出±0.000 标高线,其方法如下。

①首先在已知水准点 A 和待测设水准点的中间位置安置水准仪,读取后尺 A 上的后视读数 a,则 M、N、P、Q 点的应读前视读数 $b_应 = H_A + a - H_设$。

②将水准尺紧贴 M 点的木桩并上下移动,当前视读数为 $b_应$ 时,沿尺底在木桩上画线,此线位置即为±0.000 标高线的位置。

③同法测设出 N、P、Q 桩点上的±0.000 标高线。

④检核各±0.000 标高线之间的高差,高差误差应满足限差要求,若超限应重新测设。

**5. 实训注意事项**

(1) 设计图纸是施工测量的依据,应仔细核对图纸上的各项平面尺寸和高程数据。

(2) 测设数据应事先计算,检查无误后方可测设。

(3) 测设过程中,每一个步骤都要检核,如未检核,不得进行下一步的操作。

(4) 在实际测设过程中,各点均应编号,杜绝错误。

**6. 实训记录及报告书**

（1）根据教师给定的建筑物轴线定位和高程测设简图，计算相关测设数据，计算、检核后作为实训成果上交。

（2）现场测设各点点位由教师抽查。

**7. 思考**

（1）精密测设水平距离和水平角的操作步骤是什么？

（2）直角坐标法和极坐标法测设建筑物轴线的步骤是什么？

# 实训(十七) 建筑方格网的测设

**1. 实训目的**

(1) 掌握全站仪的使用。

(2) 掌握建筑方格网的测设步骤和检核要求。

**2. 实训仪器及工具**

全站仪 1 台,三脚架 1 个,带基座的棱镜 1 个,30 m 或 50 m 钢尺 1 把,花杆 1 根,测钎若干,测伞 1 把,涂改液 1 盒,自备计算器 1 个、计算稿纸若干张和铅笔 1 支。

**3. 实训内容及组织**

(1) 实训课时为 2 学时,每个实训小组由 4 人或 5 人组成。

(2) 在实训场地选择合适的实训区域,各组给定一条主轴线 $AOB$,全站仪架设在 $A$ 点,后视 $B$,采用直角坐标法按设计要求测设方格网。

**4. 实训方法和步骤**

(1) 确定主轴线 $AOB$。

根据实训场地情况,确定一条主轴线 $AOB$,如图 2-21 所示。

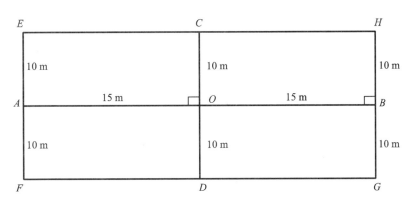

图 2-21 待测设方格网

(2) 根据主轴线 $AOB$ 测设主轴线 $COD$。

在 $O$ 点架设全站仪,对中、整平,盘左照准 $A$ 点,水平度盘归零,顺时针旋转 $90°$,量距 10 m,定出 $C'$ 点,做好标志;盘右照准 $A$ 点,水平度盘归零,顺时针旋转 $90°$,量距 10 m,定出 $C''$ 点,做好标志,取 $C'$ 和 $C''$ 中点为 $C$ 点并标示,再用同样方法测设 $D$ 点。

(3) 测设 $E$ 点和 $F$ 点。

将全站仪架设在 $A$ 点,对中、整平,盘左照准 $B$ 点,水平度盘归零,逆时针旋转 $90°$,量距 10 m,定出 $E'$ 点,做好标志;盘右照准 $B$ 点,水平度盘归零,逆时针旋转 $90°$,量距 10 m,定出 $E''$ 点,做好标志,取 $E'$ 和 $E''$ 中点为 $E$ 点并标示,再用同样方法测设 $F$ 点。

（4）测设 G 点和 H 点。

将全站仪架设在 B 点，对中、整平，盘左照准 A 点，水平度盘归零，顺时针旋转 90°，量距 10 m，定出 H′点，做好标志；盘右照准 A 点，水平度盘归零，顺时针旋转 90°，量距 10 m，定出 H″点，做好标志，取 H′和 H″中点为 H 点并标示，再用同样方法测设 G 点。

（5）检核角度和距离。

将全站仪架设在 E 点，对中、整平，盘左照准 H 点，读数，顺时针转动望远镜，照准 F 点，读数，计算 E 角；同理，盘右测设该角，取平均值，并计算测设角度与 90°的差值。同法测设 H、G 和 F 角与 90°的差值，检核角度差值是否在±30″以内，若不满足条件，需重新测设 E、F、G 和 H 点。

往返量测 AE、AF，EC、CH、FD、DG、BH、BG 各段距离，计算距离相对误差是否不超过 1/2000。

### 5. 实训注意事项

（1）测设前做好测设方案。

（2）测设前检查全站仪的各项指标是否满足要求。

（3）全站仪照准后视点时，要用竖丝单丝对准点的底部标志。

### 6. 实训记录及报告书

（1）直角坐标法放样略图。

（2）全站仪 2C 的自检互差。

（3）角度和距离检核数据表。

### 7. 思考

（1）角度误差主要取决于什么？

（2）如何提高直角坐标法测设点位精度？

# 实训(十八)　全站仪极坐标法测设点位

**1. 实训目的**

(1) 熟悉全站仪的使用和操作。

(2) 掌握使用全站仪进行极坐标法测设点位的操作方法和步骤。

(3) 掌握使用全站仪进行放样点位复核。

**2. 实训仪器及工具**

全站仪 1 台,三脚架 1 个,带基座的棱镜 1 个,3 m 卷尺 1 把,木桩 3～4 根,锤子 1 把,小钢钉数个,自备计算器 1 个、计算稿纸若干张和铅笔 1 支。

**3. 实训内容及组织**

(1) 实训课时为 2 学时,每个实训小组由 4 人或 5 人组成。

(2) 在实训场地选择合适的已知点 $D_1$、$D_2$ 两点,采用全站仪架设在 $D_1$ 点,后视 $D_2$ 点,利用极坐标法测设 $A$、$B$ 两点;测设完成后,在 $D_2$ 点架设全站仪,后视 $D_1$ 点,测设 $A$、$B$ 两点的坐标进行检核。

**4. 实训方法和步骤**

(1) 已知条件。

如图 2-22 所示,已知 $D_1(x_1,y_1)$ 和 $D_2(x_2,y_2)$ 为实训场地两已知控制点,$A(x_A,y_A)$ 和 $B(x_B,y_B)$ 为待测设的坐标点,用极坐标法测设 $A$、$B$ 两点。

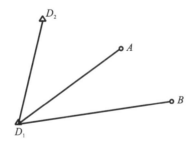

**图 2-22　测设示意图**

(2) 制定测设方案。

根据现场实际情况和已知条件,可以确定以 $D_1$(或 $D_2$,若是野外工地,则根据实际情况确定)为测站点,以 $D_2$ 为后视点。

(3) 计算测设数据。

① 计算距离:$S_{D_1-A}=\sqrt{(x_A-x_{D_1})^2+(y_A-y_{D_1})^2}$,$S_{D_1-B}=\sqrt{(x_B-x_{D_1})^2+(y_B-y_{D_1})^2}$。

② 计算坐标方位角:$\alpha_{D_1-A}=\arctan\left(\dfrac{y_A-y_{D_1}}{x_A-x_{D_1}}\right)$,$\alpha_{D_1-B}=\arctan\left(\dfrac{y_B-y_{D_1}}{x_B-x_{D_1}}\right)$。

以上方位角计算结果为 $\pm 90°$,还要根据直线 $D_1$—$A$、$D_1$—$B$ 所在象限改正确定坐标方位角。

③ 计算坐标方位角 $\alpha_{D_1-D_2} = \arctan\left(\dfrac{y_{D_2}-y_{D_1}}{x_{D_2}-x_{D_1}}\right)$。

（4）测设。

① 将全站仪架设在 $D_1$ 点,对中、整平,盘左位置精确照准 $D_2$ 点,输入后视方位角 $\alpha_{D_1-D_2}$。

② 顺时针转动望远镜,使全站仪水平角读数为 $\alpha_{D_1-A}$,在该视线方向测距 $S_{D_1-A}$,打木桩定出 $A'$ 点。

③ 盘右位置照准 $D_2$ 点,重复上述步骤,在木桩上定出 $A''$ 点。

④ 取 $A'$ 和 $A''$ 的中点即为 $A$ 点。

⑤ 同法再测设出 $B$ 点。

**5. 实训注意事项**

（1）测设前做好测设方案。

（2）测设前利用计算器计算好测设数据,注意直线所在象限改正坐标方位角,防止出错。

（3）取中后再次测设距离检核。

**6. 实训记录及报告书**

（1）极坐标放样记录表(见表 2-25)和放样略图。

（2）放样完成后,利用全站仪架设在 $D_2$ 点检核 $A$、$B$ 两点的坐标是否与已知值相符,并将数据记录到表 2-26 中。

表 2-25　全站仪极坐标法放样记录表

| 已知点 | 坐标 | | 实测直线 $D_1D_2$ 距离/m |
|---|---|---|---|
| | $x$ | $y$ | |
| 测站点 $D_1$ | | | |
| 后视点 $D_2$ | | | |
| 后视方位角/(°′″) | | | |

| 待测点 | 坐标 | | 坐标方位角/(°′″) | 距离/m |
|---|---|---|---|---|
| | $x$ | $y$ | | |
| $A$ | | | | |
| $B$ | | | | |

续表

放样略图

### 表 2-26 坐标复核检查记录表

| 已知点 | 坐标 | | 实测直线 $D_1D_2$ 距离/m |  |
|---|---|---|---|---|
| | $x$ | $y$ | | |
| 测站点 $D_2$ | | | | |
| 后视点 $D_1$ | | | | |
| 后视方位角/(°′″) | | | | |
| 放样点 | 坐标 | | 坐标 | |
| | $x$ | $y$ | $x$ | $y$ |
| $A$ | | | | |
| $B$ | | | | |
| $\triangle x$ | 实测 $x$—理论 $x=$ | | 允许值 | $\pm 5$ mm |
| $\triangle y$ | 实测 $y$—理论 $y=$ | | 允许值 | $\pm 5$ mm |

放样略图

**7. 思考**

（1）采用极坐标法放样误差主要取决于什么？

（2）如何利用计算器快速计算？坐标方位角如何计算？

# 实训(十九)  全站仪坐标法测设点位

**1. 实训目的**

(1)熟悉全站仪的使用和操作。

(2)掌握使用全站仪进行坐标法测设点位的操作方法和步骤。

(3)掌握使用全站仪进行放样点位复核。

**2. 实训仪器及工具**

全站仪1台,三脚架2个,带基座的棱镜2个,3 m卷尺1把,木桩3~4根,锤子1把,小钢钉数颗,自备计算器1个、计算稿纸若干张和铅笔1支。

**3. 实训内容**

(1)实训课时为2学时,每个实训小组由4人或5人组成。

(2)在实训场地选择合适的已知点$D_1$、$D_2$两点,将全站仪架设在$D_1$点,后视$D_2$点,利用全站仪坐标法测设$A$、$B$两点;测设完成后,在$D_2$点架设全站仪,后视$D_1$点,测设$A$、$B$两点的坐标进行检核。

**4. 实训方法和步骤**

(1)已知条件。

如图2-23所示,已知$D_1(x_1,y_1)$和$D_2(x_2,y_2)$为实训场地两已知控制点,$A(x_A,y_A)$和$B(x_B,y_B)$为待测设的已知坐标点,用坐标法测设$A$、$B$两点。

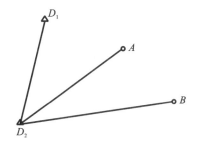

图 2-23  测设示意图

(2)制定测设方案。

根据现场实际情况和已知条件,可以确定以$D_1$(或$D_2$,若是野外工地,则根据实际情况确定)为测站点,后视点为$D_2$(或$D_1$)。

(3)建站放样。

在$D_1$点安置全站仪,对中、整平后对准$D_2$点,打开全站仪程序功能,选择建站:$D_1$为测站点,输入$D_1$坐标$(x_1,y_1)$,高程设置为0即可;$D_2$为后视点,输入后视点$D_2$坐标$(x_2,y_2)$,检核导线$D_1D_2$距离;继续输入$A$点坐标$(x_A,y_A)$,全站仪内置程序自动计算

$D_1A$ 的方位角和距离，全站仪显示 HR 和 dHR；打开水平制动，转动望远镜，直至 dHR（或 $\triangle$HA）显示角度为 0；制动水平度盘，沿此方向测距 HD，当 dHD 为 0 时，经反复测量在地面上打入木桩（野外地面如此，校园不需要），在木桩顶打出方向点 1（用红蓝铅）；盘右重复以上步骤，在木桩顶打出方向点 2（用红蓝铅）；连线 1、2 两点，并分中，取中点测距，在此方向测距若满足 dHD 为 0，即为 $A$ 点实际放样点。$B$ 点重复以上步骤。

（4）检核。

将全站仪架设在 $D_2$ 点，对中、整平，盘左位置精确照准 $D_1$ 点，输入测站点 $D_2$ 和后视点 $D_1$ 坐标，照准 $A$ 点，测设 $A$ 点坐标，比较 $A$ 点实测坐标与理论坐标的差值，5 mm以内为合格；同法测设 $B$ 点坐标，检核 $B$ 点坐标差值。

**5. 实训注意事项**

（1）测设前做好测设方案。

（2）测设前选好场地，要有足够的放样空间。

（3）取中后再次测设距离并检核。

**6. 实训记录及报告书**

（1）坐标放样记录表（见表 2-27）和放样略图。

（2）放样完成后，利用全站仪架设在 $D_2$ 检核 $A$、$B$ 两点的坐标是否与已知值相符。

表 2-27　全站仪坐标法放样记录表

| 已知点 | 坐标 | | 实测直线 $D_1D_2$ 距离/m |
| --- | --- | --- | --- |
| | $x$ | $y$ | |
| 测站点 $D_1$ | | | |
| 后视点 $D_2$ | | | |
| 后视方位角/(°′″) | | | |

| 待测点 | 坐标 | | 坐标方位角/(°′″) | 距离/m |
| --- | --- | --- | --- | --- |
| | $x$ | $y$ | | |
| $A$ | | | | |
| $B$ | | | | |

放样略图

**7．思考**

（1）采用坐标法放样误差主要取决于什么？

（2）如何利用全站仪计算距离和坐标方位角？

# 实训(二十) 全站仪后方交会法测设点位

**1. 实训目的**

(1) 熟悉全站仪的使用和操作。

(2) 掌握使用全站仪进行后方交会法测设点位的操作方法和步骤。

**2. 实训仪器及工具**

全站仪 1 台,三脚架 3 个,带基座的棱镜 3 个,3 m 卷尺 1 把,木桩 3~4 根,锤子 1 把,小钢钉数颗,自备计算器 1 个、计算稿纸若干张和铅笔 1 支。

**3. 实训内容及组织**

(1) 实训课时为 2 学时,每个实训小组由 4 人或 5 人组成。

(2) 在实训场地选择合适的点 $P$($P$ 点不设标志),自由设站,不需对中,整平即可,照准已知点 $D_1$、$D_2$ 和 $D_3$,利用全站仪后方交会法测设 $P$ 点坐标。

**4. 实训方法和步骤**

(1) 已知条件。

如图 2-24 所示,已知 $D_1(x_1, y_1)$、$D_2(x_2, y_2)$ 和 $D_3(x_3, y_3)$ 为实训场地上已知控制点,$P$ 点为待测设的未知点,用后方交会法测设 $P$ 点坐标。

**图 2-24 测设示意图**

(2) 制定测设方案。

根据现场实际情况和已知条件,确定 $D_1$、$D_2$、$D_3$ 为已知点(若是野外工地,则根据实际情况确定)。

(3) 建站放样。

在 $P$ 点安置全站仪,可以为大概位置,整平后对准 $D_1$ 点;打开全站仪程序功能,选择后方交会小程序,照准 $D_1$ 点,如图 2-25 所示,点击输入 $D_1$ 点的坐标,测距;点击"下点",打开制动,对准 $D_2$ 点,输入 $D_2$ 点的坐标,测距;再点击"下点",打开制动,对准 $D_3$ 点,输入 $D_3$ 点坐标,测距;当界面中显示"计算"按钮时,点击,显示测站点 $P$ 坐标,即为后方交会法测设测站坐标。

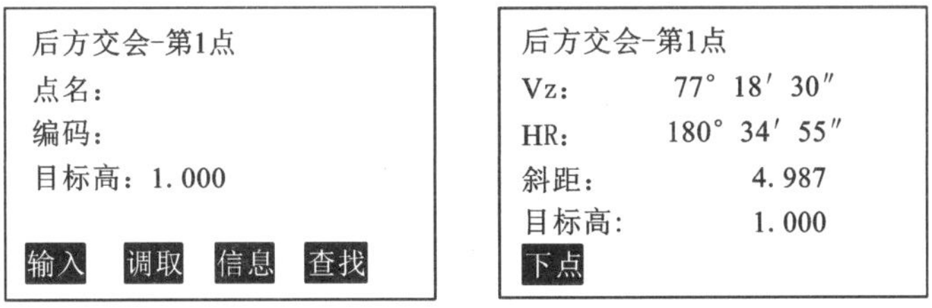

| 后方交会-第1点 |
| --- |
| 点名: |
| 编码: |
| 目标高: 1.000 |
| 输入　调取　信息　查找 |

(a)

| 后方交会-第1点 | |
| --- | --- |
| Vz: | 77° 18′ 30″ |
| HR: | 180° 34′ 55″ |
| 斜距: | 4.987 |
| 目标高: | 1.000 |
| 下点 | |

(b)

图 2-25　全站仪界面

**5．实训注意事项**

(1)测设前做好测设方案。

(2)测设前选好场地,要有足够的放样空间。

**6．实训记录及报告书**

(1)后方交会法放样记录表(见表 2-28)和放样略图。

(2)点位坐标测设完成后,检核该点坐标。

表 2-28　后方交会法记录表格

| 已知点 | 坐标 | | 备注 |
| --- | --- | --- | --- |
| | $x$ | $y$ | |
| $D_1$ | | | |
| $D_2$ | | | |
| $D_3$ | | | |

放样略图

续表

| 待测点 | 实测坐标 | | 备注 |
|:---:|:---:|:---:|:---:|
| | $x$ | $y$ | |
| $P_1$ | | | |
| $P_2$ | | | |
| $P_3$ | | | |

复核：建站，测站点 G001，后视点 G002，测设 $P_1$、$P_2$、$P_3$ 坐标。

| 点号 | 验证坐标 | | 备注 |
|:---:|:---:|:---:|:---:|
| | $x$ | $y$ | |
| $P_1$ | | | |
| $P_2$ | | | |
| $P_3$ | | | |

**7. 思考**

（1）后方交会法放样误差主要取决于什么？

（2）后方交会法的优点有哪些？适用范围是什么？

# 第三部分　建筑工程测量综合实训

**1. 综合实训的目的与要求**

（1）实训目的。

① 建筑工程测量综合实训是在课堂教学结束之后在实训场地集中进行测量综合训练的实践性教学环节，通过测量综合实训，学生能够了解建筑工程测量工作的基本过程，加深对测量理论知识的理解，提高课堂实训的综合技能，使理论知识和实践相结合。

② 熟练掌握水准仪、经纬仪和全站仪等测量仪器的使用和操作。

③ 掌握闭合导线的外业测设方法和内业计算。

④ 掌握闭合水准路线的测设和计算方法。

⑤ 掌握利用建筑物的定位测量。

（2）实训要求。

① 严格执行实习纪律，不得无故迟到，不得无故缺席，应有吃苦耐劳的精神。

② 测量实训中记录应规范、正规，不得随意涂改，文字应工整、正规。

③ 测量实训中应爱护仪器及工具，按规定或程序操作；严禁坐在测量仪器箱子和工具上；严禁将测量仪器架设后没有人员看护。

④ 测量实训中必须接受指导教师的监督和管理。

⑤ 测量实训小组成员应相互配合，集思广益，有团队精神，发挥集体的智慧，实训过程中严禁有看小说等与实训无关的行为。

**2. 课程教育目标**

（1）能力目标。

培养学生进行现场施工放样的基本能力。

（2）德育目标。

结合测量实训，培养学生吃苦耐劳的精神。

**3. 实训任务**

每个测量实训小组需要完成以下工作。

（1）实训仪器的检验。

（2）导线测量（导线点不少于 8 个）。

（3）闭合水准测量（水准点不少于 10 个，里程不少于 3 km）。

（4）建筑物定位。

### 4. 实训计划及仪器设备

(1)实训计划。

测量实训按 1 周时间安排,主要通过实训任务来达到测量实训的目的与要求,每个实训小组以 4 人或 5 人为宜,实行组长负责制,实训任务计划安排如表 3-1 所示。

表 3-1 实训计划时间表

| 序号 | 项目与内容 | 时间/d | 任务与要求 |
|---|---|---|---|
| 1 | 动员、借领仪器工具、仪器检校、踏勘测区 | 0.5 | 做好出测前准备工作 |
| 2 | 导线测量 | 1.5 | 测区平面控制测量 |
| 3 | 闭合水准测量 | 0.5 | 测区高程控制测量 |
| 4 | 建筑物定位测量和放线 | 1 | 根据建筑基线定位建筑物 |
| 5 | 全站仪极坐标测设 | 0.5 | 根据已知数据测设建筑物角点 |
| 5 | 仪器操作考核 | 0.5 | 经纬仪操作考核 |
| 6 | 整理、上交实训资料 | 0.5 | 实习周中的各项资料 |
| 7 | 合计 | 5 | — |

(2)仪器设备。

实训室配备仪器:全站仪 1 台,经纬仪 1 台,水准仪 1 台,钢尺或皮尺 1 把,水准尺 2 根,标杆 2 根,记录板 1 块,涂改液 1 盒。

小组自备工具:函数计算器 1 个,2H 或 4H 铅笔数支。

场地:校内。

### 5. 实训内容及技术要求

(1)仪器的检校。

① 水准仪的检校。

a. 圆水准器轴平行于仪器竖轴的检验与校正:气泡无明显偏离。

b. 十字丝中丝垂直于仪器竖轴的检验与校正:标志点无明显偏离十字横丝。

c. 水准管轴平行于视准轴的检验与校正:$i$ 的值在 $\pm 20''$ 以内。

$$i = \frac{|a_2 - a'_2|}{D_{AB}} \rho''$$

② 全站仪的检校。

a. 长气泡的检验。

首先将长气泡平行于两脚螺旋,假设为 0° 方向,调平,之后旋转 90° 使气泡与第三个脚螺旋连线垂直于前两个脚螺旋,调平;然后回到 0°位置看是否居中,如不居中,照之前方法重来,再旋转 90°方向看是否居中,如不平则如前面一样,要是这两个方向都平了,就旋转至 180°方向,看气泡是否居中,是则不用校正,不是则要校正。

b. 圆气泡的检验。

在长气泡检验合格的基础上,首先将长气泡调平,这里是指各方向都已平了,然后看圆气泡是否居中,如不居中,则通过调节气泡下面的 3 颗螺钉将其调平。

c. 对中器检验。

将仪器架好之后,我们假设 0°方向,把对中器对准地面一个目标,目标越小越好,最好是自己做个十字点,然后旋转 180°,看是否对中,如不是则要校正。

d. 2C 值检验。

首先将仪器整平,在 20 m 外贴一十字丝,先盘左照准目标读数 0°00′00″,然后旋转180°盘右照准目标读数,两次读数之差若在 180°00′15″以内,则不需要校正;若超过 180°00′15″,则需要校正。上述程序最好反复操作几次,以确定误差到底有多大,然后通过水平微动螺旋改动秒读数的一半,这时目镜十字丝与目标十字丝不重合,十字丝在目标左边就松左边紧右边,反之松右边紧左边。之后再重新按盘左、盘右读数。反复几次观看误差是否在允许范围以内。

e. $i$ 角检验。

仪器调平,打开补偿器,盘左照准目标读垂直角,再盘右位置读垂直角,然后盘左加盘右读数相加是否在 360°00′15″以内,如不是则需校正。

(2) 二级导线测量(即平面控制测量)。

导线测量的外业工作包括踏勘选点、埋石、测角、量边及定向。

① 踏勘选点和埋石。

首先由指导教师选定校内(或校外)一块区域作为控制区,之后各组沿测区四周布设控制点(点号可按英语字母或数字编号,如 $A$、$B$、$C$ 等或 1、2、3 等)并做好编号及标志,同时应保证相邻控制点相互通视,便于架设仪器测角及量距。控制点个数可根据测区实际情况选择,以不少于 8 个导线点为宜。点位用钉子或油漆作标志,用红油漆圈之,在其侧注明点号,使之构成闭合导线,总边长不少于 2 km,起始点 $A$ 点坐标可设定为(3000.000,3000.000),导线的主要技术要求见表 3-2。

表 3-2　导线测量的主要技术要求

| 等级 | 导线长度/km | 平均边长/km | 测角中误差/(″) | 测距中误差/mm | 测距相对中误差 | 测回数 | | | 方位角闭合差/(″) | 导线全长相对闭合差 |
|---|---|---|---|---|---|---|---|---|---|---|
| | | | | | | 1″级仪器 | 2″级仪器 | 6″级仪器 | | |
| 三等 | 14 | 3 | 1.8 | 20 | 1/150000 | 6 | 10 | — | $3.6\sqrt{n}$ | ≤1/55000 |
| 四等 | 9 | 1.5 | 2.5 | 18 | 1/80000 | 4 | 6 | — | $5\sqrt{n}$ | ≤1/35000 |
| 一级 | 4 | 0.5 | 5 | 15 | 1/30000 | — | 2 | 4 | $10\sqrt{n}$ | ≤1/15000 |
| 二级 | 2.4 | 0.25 | 8 | 15 | 1/14000 | — | 1 | 3 | $16\sqrt{n}$ | ≤1/10000 |
| 三级 | 1.2 | 0.1 | 12 | 15 | 1/7000 | — | 1 | 2 | $24\sqrt{n}$ | ≤1/5000 |

注:①表中 $n$ 为测站数。

②当测区测图的最大比例尺为 1:1000 时,一、二、三级导线的导线长度、平均边长可适当放长,但最大长度不应大于表中规定相应长度的 2 倍。

②测角。

导线的转折角分为左角和右角,若转折角位于导线前进方向的左侧,称为左角;若转折角位于导线前进方向的右侧,称为右角。通常,在闭合导线中,一般测量其内角,按测回法测水平角,测设 2 个测回,半测回互差在 ±13″ 以内,测回互差也在 ±13″ 以内,水平角外业观测数据记录到表 3-3 中。

表 3-3　测回法观测水平角记录手簿

观测:　　　　　　　　　　　　　　　　　　　记录:

| 测站 | 测回 | 竖盘位置 | 目标 | 水平度盘读数 | 半测回角值 | 一测回角值 | 各测回平均角值 | 距离 |
|---|---|---|---|---|---|---|---|---|
| | | | | | | | | |
| | | | | | | | | |
| | | | | | | | | |
| | | | | | | | | |

| 测站 | 测回 | 竖盘位置 | 目标 | 水平度盘读数 | 半测回角值 | 一测回角值 | 各测回平均角值 | 距离 |
|------|------|----------|------|--------------|------------|------------|----------------|------|
|      |      |          |      |              |            |            |                |      |
|      |      |          |      |              |            |            |                |      |
|      |      |          |      |              |            |            |                |      |
|      |      |          |      |              |            |            |                |      |
|      |      |          |      |              |            |            |                |      |
|      |      |          |      |              |            |            |                |      |
|      |      |          |      |              |            |            |                |      |
|      |      |          |      |              |            |            |                |      |
|      |      |          |      |              |            |            |                |      |
|      |      |          |      |              |            |            |                |      |
|      |      |          |      |              |            |            |                |      |
|      |      |          |      |              |            |            |                |      |

③ 导线边长测量与计算。

a. 全站仪单向观测 2 测回，每测回读三次读数，读数互差要小于 3 mm，取均值为一测回观测值，第二个测回要重新瞄准反射镜后再读数，以便削弱瞄准误差，测回互差要小于 3 mm，取两测回的均值作为边长单向观测值。

b. 边长对向观测,算出的平距互差要小于 1/14000,取均值为最后的导线边水平距离,最终读数记录到表 3-3 中。

④ 定向。

当导线和已知高级控制点连测时,需要进行连接测量,即测出已知方向和导线边之间的水平夹角,也称连接角,如图 3-1 中的 $\beta_0$。连接角测量的目的是将高级控制网的坐标方位角传递给低级控制网,从而将导线点的坐标纳入该地区的统一坐标系中。若测区附近无高级控制网,可假定起始边的坐标方位角或者利用手机指南针测设起始边的坐标方位角,作为起算数据。

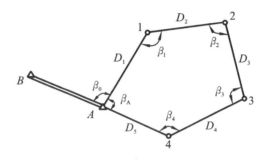

**图 3-1 闭合导线**

⑤ 导线计算和检核要求。

整理水平角和距离外业观测数据,将合格数据填入表 3-4 中。技术要求:角度闭合差 $f_\beta$ 的值在 $\pm 16\sqrt{n}('')$ 以内,$n$ 为内角个数,导线全长的相对闭合差要小于 1/10000。

⑥ 外业观测中小组每人至少测一角、一边。

若学校全站仪数量不足,可以利用经纬仪配合钢尺量距进行导线测量,导线技术要求可以按三级导线技术要求测设,导线全长可以适当减少。

(3) 闭合水准测量(按四等水准测量施测)。

① 用导线点构成闭合水准路线,可以假定一点高程为 421.200 m,用自动安平水准仪施测,前后视线长小于 80 m,前后视距要大致相等,水准路线的高差闭合差要在 $\pm 20\sqrt{\sum L}$ (mm)以内,$L$ 为每个测段长,$\sum L$ 为水准路线总长。

② 要求每人至少测一测段,单独完成水准测量成果的表格计算,当各点的高程互差小于 10 mm 时,取均值为小组的最后结果。

表 3-4 闭合导线计算表

| 点号 | 观测角 /(°′″) | 改正数 /(″) | 改正后角度 /(°′″) | 坐标方位角 /(° ′ ″) | 距离 /m | 坐标增量/m | | 改正后增量/m | | 坐标值 /m | | 点号 |
|---|---|---|---|---|---|---|---|---|---|---|---|---|
| | | | | | | $\Delta x'$ | $\Delta y'$ | $\Delta x$ | $\Delta y$ | $x$ | $y$ | |
| | | | | | | | | | | | | |
| | | | | | | | | | | | | |
| | | | | | | | | | | | | |
| | | | | | | | | | | | | |
| | | | | | | | | | | | | |
| | | | | | | | | | | | | |
| | | | | | | | | | | | | |
| | | | | | | | | | | | | |
| | | | | | | | | | | | | |
| | | | | | | | | | | | | |
| 总和 | | | | | | | | | | | | |

辅助计算

$f_\beta =$

$f_{\beta容} = \pm 16 \times \sqrt{n} \; ''$

$f_x =$ $\qquad\qquad\qquad\qquad\qquad$ $f_y =$

$f = \sqrt{f_x^2 + f_y^2}$

$K = \dfrac{f}{\sum D}$ $\qquad\qquad\qquad\qquad$ $K_容 = \dfrac{1}{10000}$

（4）建筑物轴线定位、放线测量。

① 定位测量。

如图 3-2 所示，ABCD 为 L 形建筑基线，根据该建筑基线测设 1♯ 楼，1♯ 楼四个角点为 J1、J2、J3 和 J4，利用经纬仪采用直角坐标法进行角点测设。检核技术要求：主轴线角度误差应在 ±20″ 以内，距离相对误差不超过 1/5000。

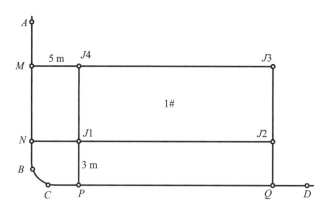

**图 3-2　根据建筑基线定位测量**

② 放线测量。

图 3-3 所示为 1♯ 楼的细部轴线示意图，根据房屋定位点 J1、J2、J3 和 J4，利用经纬仪测设细部轴线交点桩，检核技术要求：量距精度不超过 1/3000，角度误差在 ±60″ 以内。

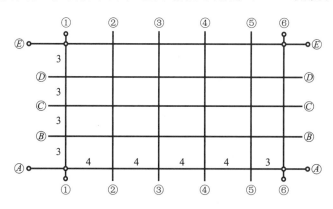

**图 3-3　1♯ 教学楼细部轴线图**

③ ±0.000 的测设。

根据 1♯ 教学楼附近的已知水准点，例如，附近有已知水准点 $H3 = 421.800$ m，1♯ 教学楼首层地坪标高为 422.000 m，则 1♯ 教学楼的 ±0.000 实际高程为 422.000 m，利用自动安平水准仪将 ±0.000 标志测设到附近建筑物、墙体或树干上，用红油漆做好标记。

（5）全站仪极坐标测设建筑物角点。

① 由指导教师给定两个已知控制点 $A(x_A, y_A)$ 和 $B(x_B, y_B)$，如图 3-4 所示，要求学生利用全站仪根据已知点 $A$ 和 $B$ 测设 1♯ 教学楼的四个角点 $1(x_1, y_1)$、$2(x_2, y_2)$、$3(x_3,$

$y_3$)和 $4(x_4,y_4)$。

② 可以选择 $A$ 点作为测站点,根据已知坐标,通过坐标反算计算出角点 1、2、3、4 到 $A$ 点的距离和坐标方位角。

③ 全站仪架设在 $A$ 点上,对中、整平后,照准后视点 $B$,根据计算数据分别测设 1、2、3、4。

④ 测设完成后,将全站仪架设在 $B$ 点,输入 $B$ 点坐标,后视 $A$ 点,输入后视点 $A$ 坐标,依次测设 1、2、3、4 各点坐标,检核各点实测坐标值和已知坐标值之差,若差值小于 5 mm,检验合格,否则重测。

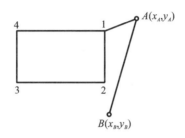

**图 3-4　全站仪放样示意图**

（6）全站仪（或经纬仪）操作考核。

由实训指导教师组织安排,对每个学生进行仪器实际操作考核,考核内容和要求见表 3-5。

**表 3-5　全站仪（或经纬仪）操作考核标准**

| 序号 | 考核项目 | 技术要求 | 优 | 良 | 中 | 及格 | 不及格 |
|---|---|---|---|---|---|---|---|
| 1 | 对中 | 对中误差小于 3 mm | $t<4'30''(t<5'30'')$且其他项目全部达到要求 | $4'30''<t<5'30''(5'30''<t<6'30'')$ 或 $t<4'30''(t<5'30'')$ 但有视差 | $5'30''<t<7'(6'30''<t<8')$ 或 $t<5'30''(t<6'30'')$ 但有轻微超限 | $7'<t<9'(8'<t<10')$ 且有轻微超限 | $t>9'(t>10')$;对中误差大于 5 mm;气泡偏离大于 2 格;观测错误;测回互差超限 |
| 2 | 整平 | 气泡偏差小于 1 格 | | | | | |
| 3 | 照准 | 清晰 | | | | | |
| 4 | 读数 | 3 | | | | | |
| 5 | 一测回 | 程序准确 | | | | | |
| 6 | 记录及计算 | 记录规范、计算正确 | | | | | |
| 7 | 限差 | 上、下测回互差 | | | | | |

注:括号外为全站仪操作考核数据,括号内数据为经纬仪操作考核数据。

**6. 整理上交实训资料**

（1）实训小组共同上交资料要求。

① 封面:实训项目名称、地点、实训教学周数、班级、组号、组长、组员、实训指导教师

姓名。

② 前言：实训目的、任务和要求。

③ 目录。

④ 实训内容：实训概况、仪器检验成果、实训作业方法、步骤、技术要求、外业观测数据记录表、内业计算表、放样计算数据、检核方法、检核结果、各种图示（如导线示意图、水准示意图、建筑物定位示意图、极坐标测设示意图）。

⑤ 资料数据真实、可靠，按实训项目顺序编号。

（2）实训小组个人上交资料。

实训总结：本次实训的收获、启示；实训中遇到的问题及处理方法；本人在实训小组中的具体工作和作用，对本次实训的意见和建议。

**7. 实训成绩的考核**

（1）实训成绩评定分为五档：优、良、中、及格和不及格，记入学生成绩册。

（2）实训成绩评定依据。

实训成绩的评定主要由两方面组成。

① 个人部分。

本人的出勤情况；实训态度；小组内的分工、作用；仪器考核成绩；日常检查中，指导教师加强与同学交流，考查他们对测量知识的掌握程度，以及动手能力、分析问题的能力和解决问题的能力。

② 小组共同成果。

实训任务外业的完成质量和进度；外业观测数据是否真实、可靠；计算数据是否正确，实训报告的质量。

在实训期间缺勤、违反实训纪律、不交个人总结、轻微损坏仪器者，根据具体情节，降低综合实训成绩。

（3）不及格的评定。

满足下列任意一项者，成绩不及格：仪器操作考核一项不及格；严重违反实训纪律；缺勤两次以上；严重损坏仪器；实训中发生吵架、打架事件。

# 参 考 文 献

［1］ 中华人民共和国住房和城乡建设部.GB 50026—2007 工程测量规范［S］.北京:中国计划出版社,2008.

［2］ 杜文举.建筑工程测量［M］.2 版.武汉:华中科技大学出版社,2019.

［3］ 张恒.测量放线工(中级)［M］.北京:中国劳动社会保障出版社,2012.

［4］ 全志强.建筑工程测量实训指导书［M］.北京:测绘出版社,2010.

［5］ 林玉祥.控制测量实训指导书［M］.北京:测绘出版社,2010.

［6］ 杨长银.工程控制测量实用手册［M］.成都:西南交通大学出版社,2013.